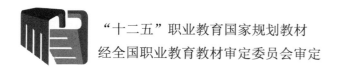

"十二五"职业教育国家规划教材

经全国职业教育教材审定委员会审定

服装结构制图与样板
——提高篇

王丽霞　主　编

范树林　文家琴　周　璐　副主编

U0189761

中国纺织出版社

内 容 提 要

本书内容包括男马甲、女马甲、女套装上衣、男西服、特体男装、旗袍等服种的结构制图与样板、工作案例分析、工业用样板与样板缩放等章。本书科学、系统地阐述了服装平面结构制图的原理及应用，注重实用性，运用实例，结合服装的流行，详细地介绍了服装结构的变化规律、设计技巧，具有较强的可操作性。全书文字简洁、流畅、通俗易懂，图文并茂，实用性强，在章节的安排上遵循由浅入深、由易到难的教学原则，其结构设计方法在实践中得到检验，便于读者理解和自学，同时兼具知识性、实用性、资料性和指导性，在教学中、生产中均有一定的实用价值。

本书可作为高等服装院校、职业技术教育、成人教育的教材，服装设计裁剪培训学校的教材以及服装企业技术人员参考用书，对服装专业技术人员和广大的服装爱好者也有较好的参考价值。

图书在版编目（CIP）数据

服装结构制图与样板. 提高篇 / 王丽霞主编. -- 北京：中国纺织出版社，2017.11（2024.5重印）

"十二五"职业教育国家规划教材

ISBN 978-7-5180-4154-1

Ⅰ. ①服… Ⅱ. ①王… Ⅲ. ①服装结构—制图—高等职业教育—教材②服装样板—高等职业教育—教材 Ⅳ. ① TS941

中国版本图书馆 CIP 数据核字（2017）第 243480 号

策划编辑：宗 静 张晓芳 责任编辑：宗 静
特约编辑：朱 方 责任校对：武凤余 责任印制：何 建

中国纺织出版社出版发行
地址：北京市朝阳区百子湾东里 A407 号楼 邮政编码：100124
销售电话：010-67004422 传真：010-87155801
http://www.c-textilep.com
E-mail：faxing@c-textilep.com
中国纺织出版社天猫旗舰店
官方微博 http://weibo.com/2119887771
三河市宏盛印务有限公司印刷 各地新华书店经销
2017 年 11 月第 1 版 2024 年 5 月第 6 次印刷
开本：787×1092 1/16 印张：20
字数：328 千字 定价：49.80 元（附赠网络资源）

凡购本书，如有缺页、倒页、脱页，由本社图书营销中心调换

出版者的话

百年大计，教育为本。教育是民族振兴、社会进步的基石，是提高国民素质、促进人的全面发展的根本途径，寄托着亿万家庭对美好生活的期盼。强国必先强教。优先发展教育、提高教育现代化水平，对实现全面建设小康社会奋斗目标、建设富强民主文明和谐的社会主义现代化国家具有决定性意义。教材建设作为教学的重要组成部分，如何适应新形势下我国教学改革要求，与时俱进，编写出高质量的教材，在人才培养中发挥作用，成为院校和出版人共同努力的目标。2012年11月，教育部颁发了教高〔2012〕21号文件《教育部关于印发第一批"十二五"普通高等教育本科国家级规划教材书目的通知》（以下简称《通知》），明确指出我国本科教学工作要坚持育人为本，充分发挥教材在提高人才培养质量中的基础性作用。《通知》提出要以国家、省（区、市）、高等学校三级教材建设为基础，全面推进，提升教材整体质量，同时重点建设主干基础课程教材、专业核心课程教材，加强实验实践类教材建设，推进数字化教材建设。要实行教材编写主编负责制，出版发行单位出版社负责制，主编和其他编者所在单位及出版社上级主管部门承担监督检查责任，确保教材质量。要鼓励编写及时反映人才培养模式和教学改革最新趋势的教材，注重教材内容在传授知识的同时，传授获取知识和创造知识的方法。要根据各类普通高等学校需要，注重满足多样化人才培养需求，教材特色鲜明、品种丰富。避免相同品种且特色不突出的教材重复建设。

随着《通知》出台，教育部组织制订了"十二五"职业教育教材建设的若干意见，并于2012年12月21日正式下发了教材规划，确定了1102种"十二五"国家级教材规划选题。我社共有47种教材被纳入国家级教材规划，其中本科教材16种，职业教育47种。16种本科教材包括了纺织工程教材7种、轻化工程教材2种、服装设计与工程教材7种。为在"十二五"期间切实做好教材出版工作，我社主动进行了教材创新型模式的深入策划，力求使教材出版与教学改革和课程建设发展相适应，充分体现教材的适用性、科学性、系统性和新颖性，使教材内容具有以下几个特点：

（1）坚持一个目标——服务人才培养。"十二五"职业教育教材建设，要坚持育人为本，充分发挥教材在提高人才培养质量中的基础性作用，充分体现我国改革开放 30 多年来经济、政治、文化、社会、科技等方面取得的成就，适应不同类型高等学校需要和不同教学对象需要，编写推介一大批符合教育规律和人才成长规律的具有科学性、先进性、适用性的优秀教材，进一步完善具有中国特色的普通高等教育本科教材体系。

（2）围绕一个核心——提高教材质量。根据教育规律和课程设置特点，从提高学生分析问题、解决问题的能力入手，教材附有课程设置指导，并于章首介绍本章知识点、重点、难点及专业技能，增加相关学科的最新研究理论、研究热点或历史背景，章后附形式多样的习题等，提高教材的可读性，增加学生学习兴趣和自学能力，提升学生科技素养和人文素养。

（3）突出一个环节——内容实践环节。教材出版突出应用性学科的特点，注重理论与生产实践的结合，有针对性地设置教材内容，增加实践、实验内容。

（4）实现一个立体——多元化教材建设。鼓励编写、出版适应不同类型高等学校教学需要的不同风格和特色教材；积极推进高等学校与行业合作编写实践教材；鼓励编写、出版不同载体和不同形式的教材，包括纸质教材和数字化教材，授课型教材和辅助型教材；鼓励开发中外文双语教材、汉语与少数民族语言双语教材；探索与国外或境外合作编写或改编优秀教材。

教材出版是教育发展中的重要组成部分，为出版高质量的教材，出版社严格甄选作者，组织专家评审，并对出版全过程进行过程跟踪，及时了解教材编写进度、编写质量，力求做到作者权威，编辑专业，审读严格，精心出版。我们愿与院校一起，共同探讨、完善教材出版，不断推出精品教材，以适应我国职业教育的发展要求。

中国纺织出版社

教材出版中心

前言

现如今，我国的服装业正处在从服装生产大国向自主品牌的服装强国的转型期，在这个转型的过程中，服装的品质内涵必将是成功转型的关键。而服装制板技术是提高服装品质内涵的重要因素之一。通过服装制板技术，可以将设计师的构想与创意变成现实，使设计师的设计稿转化成商品，可以完美地表达设计师的设计理念和设计风格。另一方面，消费者对服装品质的要求也越来越高，希望服装的板型符合自身体型的需求。本书包含了各种不同体型的样板制作方法，可处理各种体型的板型。

有关服装制板技术的教材有很多，分平面制板和立体裁剪制板两大类，本套书是采用平面制板的方法制作服装样板，共有《服装结构制图与样板——基础篇》、《服装结构制图与样板——提高篇》两册。本套书科学、系统地阐述了服装平面结构制图的原理及应用，注重实用性，运用实例，结合服装的流行款式，详尽地介绍了服装结构的变化规律、设计技巧，具有较强的可操作性；文字简洁、流畅、通俗易懂；在章节的安排上遵循由浅入深、由易到难的教学原则；结合当前服装行业的发展状况、社会行业的需求，在典型服种的章节引入企业实际案例，使本书介绍的服装制板技术能够更好地为企业、行业培养出优秀的技术人才，更好地服务于社会。

作者通过多年的课堂教学、企业实践、服装结构制图与样板精品课程建设及资源共享课程的建设，积累了一些关于服装结构制图与样板方面的经验，本课程将课件、授课录像等教学资源上网开放，实现优质教学资源共享。在此基础上，为使课程内容保持较强的示范性、实用性、新颖性、前瞻性，提高教学质量，更好地为高校教师、学生和社会学习者服务，本套书把服装结构制图与样板课程的理论基础知识与实践经验进行整合，融入新知识、新技术，使教材内容优化。

本套教材实用性和指导性强，在教学、生产中均有一定的实用价值，可作为高职高专服装设计与服装工艺专业的授课或实训教材，对服装专业技术人员及广大的服装爱好者也有较高的参考价值。由于编写人员都有较繁忙的科研、教学和其他工作任务，本书利用业余时间编写，书中难免有遗漏和错误，在此恭请专家和同行们不吝批评指正。

《服装结构制图与样板——提高篇》共分七章，由周璐编写第一章，臧莉静编写第二章，范树林、刘辉编写第三章，王丽霞编写第四章，王丽霞编写第五章，王瑞芹编写第六章，文家琴、王凤歧编写第七章，李紫星负责全书中效果图的绘制。本书由王丽霞、范树林负责全书的修订与审稿。

本套书在编写的过程中得到了邢台职业技术学院领导和老师、际华三五零二服装有限公司领导和技术部的大力支持与帮助。在此，编者谨向在教材编写过程中予以关切和支持的领导和同仁表示衷心的感谢。

编者

2017 年 8 月

教学内容及课时安排

章／课时	课程性质／课时	节	课程内容
第一章 （24课时）	讲练结合 /24		·男马甲
		一	马甲的基础知识
		二	男西装马甲结构制图与样板
		三	男式休闲马甲结构制图
		四	青果领男马甲结构制图
第二章 （24课时）	讲练结合 /24		·女马甲
		一	基本型女马甲结构制图与样板
		二	系带式女马甲
		三	立领式女马甲
		四	变化型女马甲
		五	女牛仔棉马甲
第三章 （56课时）	讲练结合 /56		·女套装上衣
		一	女套装基础知识
		二	刀背线女西服结构制图与样板
		三	变化型刀背线女西服
		四	戗驳头女西服
		五	公主线双排扣女西服
		六	立领女西服
		七	连身领连身袖女上衣
		八	翻领打褶女西服
		九	工作案例分析——公主线女西服
第四章 （64课时）	讲练结合 /64		·男西服
		一	男西服概述
		二	单排扣平驳头男西服结构制图与样板
		三	双排扣戗驳头男西服结构制图与样板
		四	后中开衩单排一粒扣男西服结构制图
		五	双侧开衩男西服结构制图与样板
		六	休闲时尚型男西服结构制图

章/课时	课程性质/课时	节	课程内容
		七	男西服对条格技术
		八	工作案例分析——收腰型男西服
第五章（48课时）	讲练结合/48		·特体男装
		一	特殊体型基本知识
		二	肥胖凸肚体男西服结构制图与样板
		三	工作案例分析——特殊男西服样板补正
			案例一 挺胸体型男西服样板补正
			案例二 驼背体型男西服样板补正
			案例三 平肩体型男西服样板补正
			案例四 溜肩体型男西服样板补正
			案例五 高低肩体型男西服样板补正
第六章（40课时）	讲练结合/40		·旗袍
		一	旗袍基本知识
		二	圆襟无袖旗袍结构制图与样板
		三	旗袍试穿与样板补正
		四	圆襟短袖旗袍结构制图
		五	长襟长袖旗袍结构制图
		六	工作案例分析——旗袍
第七章（64课时）	讲练结合/64		·工业用样板与样板缩放
		一	工业用样板
		二	样板缩放
		三	典型款式工业制板实例
			案例一 裙子的工业用样板制作
			案例二 裤子的工业用样板制作
			案例三 衬衣的工业用样板制作
			案例四 男西服的工业用样板制作
			案例五 刀背线女西服的工业用样板制作
			案例六 公主线女西服的工业用样板制作

注 各院校可根据本校的教学特色和教学计划对课程时数进行调整。

目录

讲练结合——

男马甲

课程名称： 男马甲

课程内容： 1. 马甲的基础知识

2. 男西装马甲结构制图与样板

3. 男式休闲马甲结构制图

4. 青果领男马甲结构制图

上课时数： 24 课时

教学提示： 讲解男马甲的种类、款式造型、材料及其功能性；讲解马甲的测体方法；讲解男西装马甲的结构制图原理及样板制作方法；讲解男式休闲马甲的结构制图方法；讲解青果领男马甲的结构制图方法；讲解男马甲的排料方法及要求。

教学要求： 1. 选取最具代表性的男马甲款式,讲解男马甲的制图方法及样板制作方法。

2. 学生能据男马甲款式的不同,正确地、合理地设计胸围余量的加放。

3. 要求学生通过实践这些经典款式的制板,能够举一反三,能独立完成其他变化型款式男马甲的样板制作。

4. 掌握男马甲样板制作技能和工业化样板制作的能力；具有工业化排板的考料能力。

5. 通过学习服装企业工作案例,使学生了解男马甲产品开发的过程和要求,以及与服装结构设计的相互关系,从而更好地应用男马甲结构设计的知识,为企业进行男马甲产品的开发服务。

课前准备： 调研本地区最新流行的男马甲款式；男马甲教学课件；视频教学资料；男马甲的样衣；男马甲的工业用样板；常用绘图工具；学生查阅有关男马甲的相关资料,准备上课用的（1：4）比例尺、（1：1）制图工具、笔记本等。

第一章 男马甲

第一节 马甲的基础知识

马甲是胴衣的总称，男子的西服背心就是最典型的例子，它的语源产生自拉丁语，经过法语的 vest，成为现在英语的 vest。法语中的 vest 常指套装中的上衣，没有袖子的称作 gilet（坎肩）。马甲，亦称"背心"或"坎肩"。

18 世纪，欧洲发生过许多重大革命——资产阶级的思想革命、政治革命和工业革命，在世界的许多国家和角落爆发、进展或胜利完成，正是这些革命在各方面推动了历史前进的步伐。英国的工业革命促进了社会发展，同时也促进了服饰方面的发展。

在路易十六时代（1774 ～ 1792 年），"背心"便成为男子套装中固定的组件之一。当时的搭配方式是：衬衫穿在最内侧，衬衫外穿背心，背心外面穿长上衣。这便是现代西服三件套的前身。但是，当时的背心与现代的背心（马甲）在款式上有所不同。其款式是：背心的长度比较长，两襟下摆有大盖袋，一般都用来放怀表，据说当时的男子都备有两块怀表，一大一小。在裁剪方法上，背心的领口从胸前向两肩倾斜，呈倒三角形，以便不妨碍扎系围巾、领饰（图 1-1）。

图 1-1 路易十六时代的背心

到法国大革命时期（1789 ～ 1794 年），背心形制有了较大改进，背心的长度已经短到齐腰长，取消了大盖袋，扣子也明显减少，有时只有三粒纽扣，可谓短小精悍（图 1-2）。

到督政府时代（1795 ～ 1799 年），男子套装中短背心的领型发生了变化，领子为很宽的翻领，并在颈上搭配围巾，绕颈两圈后在前面系结（图 1-3）。到法兰西第一帝国时代（1804 ～ 1815 年），西服背心的宽翻领变化成小立领，在材料上使用条纹或格子面料

（图1-4）。

19世纪的欧洲，各资本主义国家经济腾飞，纺织工业发展迅速。男装上衣三件套（衬衫、西服背心、礼服）的基本形制变化不大，但男装在色调上越加追求严肃高雅，西服背心的面料比较讲究，多采用华丽光亮的织物，如绢、丝绸、天鹅绒等制作，有白、绿、蓝、棕、黄等颜色，以之烘托素雅的外衣。

在男子套装中，马甲是西装三件套的基本组合之一，在衬衣或羊毛衫外面套穿。随着人们着装理念的改变，马甲不再只限于西装三件套的组合，它在功能上已逐渐从普通马甲护胸、护腰的作用转变成装饰作用。马甲的种类、款式变化也多起来，根据马甲的款式、面料、色彩及其搭配

图1-2　法国大革命时期的背心

方式的不同，可以欣赏到各种不同的着装效果。马甲在款式上有合体型、宽松型，还有长款的、短款的；也有带腰带的夹克式马甲、军用型马甲等。马甲的款式多种多样，无论哪种马甲在穿用的时候，都要考虑到上下衣的协调、搭配与均衡。

图1-3　督政府时代的背心

图1-4　法兰西第一帝国时代的背心

材料：制作马甲的材料很多，有棉、毛、麻、化纤、针织织物、皮革、人造革等，也可以把这些材料搭配组合使用。

第二节 男西装马甲结构制图与样板

一、设计说明

男马甲通常和西装配套穿着。与西装配套穿着的男马甲胸围加放尺寸较小，穿着贴身合体。其款式特点是：V 字形领口，单排五粒扣。前衣身胸袋两个、腰袋两个，也可是胸袋一个、腰袋两个或者无胸袋、只作两个腰袋。下摆呈斜尖角形，侧缝开衩，腰部收腰，后背有破缝，后腰束腰带（图 1-5）。

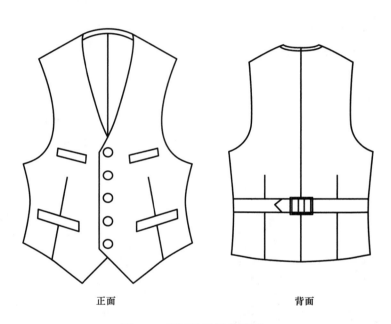

正面　　　　　　　　　　　　背面

图 1-5　男西装马甲款式图

面料：马甲可选择与西服配套的相同面料，也可选择其他毛涤混纺面料，或者根据流行和喜好选择毛织物、棉织物、皮革等自由搭配。

二、材料使用说明

面料：140cm 幅宽，用量衣长 +10cm。

　　　90cm 幅宽，用量前衣长 +20cm。

里料：90cm 幅宽，用量前衣长 ×2+10cm。

黏合衬：90cm 幅宽，用量前衣长 +10cm。

辅料：直径 1.5cm ~ 1.6cm 的扣子 5 粒，备用扣 1 粒。

　　　宽 2.5cm 的 D 型腰带扣 1 个。

三、规格尺寸

男西装马甲规格尺寸见表1–1。

表 1–1 男西装马甲规格尺寸表 单位：cm

部位 规格尺寸	后衣长	胸围	肩宽	背长
型号 175/94A	55	104	39	44

四、结构制图

（1）无论是单排扣还是双排扣的马甲，它的长度必须超过腰围线，要完全盖住里面所穿西裤的裤腰，而且前面的裤腰也不能露在分开的前襟外面。

（2）男马甲的肩宽为10cm左右，这样穿着西服时，就不会有不舒适的感觉，手臂活动也能方便、自然。另外，马甲的衣长较短，肩宽过宽比例就显得不协调、不美观。在制图时，可按正常的肩宽去绘制，以保证肩的倾斜度，然后再按款式的要求进行取舍。也可直接按一定的比例绘出。

（3）为了使后衣长不因腰节处系带子而变短，也为了马甲的造型美观、机能性好，要适当增大胸、背差。腰围线可以人为地向上或向下移动，如图1–6所示。

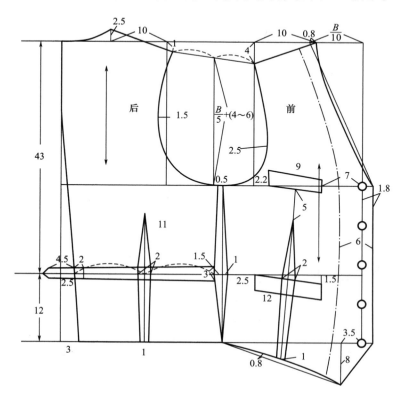

图 1–6 男西装马甲结构制图

五、男马甲样板制作

1. 面料样板

先订正前身胸省底边处，然后再放缝份。前衣片在领口、肩缝、袖窿、侧缝、前搭门处均放缝份1cm，底边处放缝份3.5cm。贴边四周均放缝份1cm（图1-7）。

制作样板注意事项：

（1）在放缝份之前，一定要核对各部位尺寸大小。订正需要缝合部位线的连接处，如下摆、袖窿、前后肩拼合处等。

（2）缝合部位的缝份宽度要一致，有拐角部位要延长线取直角，破缝线和袖窿线的缝份要按拼合完毕的状态来确定。

（3）合印点有两种作用；一种是样板中间的定位，一种是为保证缝合质量进行缝合线的定位。样板中间的定位如省位、袋位、扣位等；缝合线的定位如腰围线、胸围线、臀围线等。

（4）最后标注纱向线，写样板的名称、数量。画上的纱向线必须与腰围线、胸围线垂直，纱向线要通过样板的两端，这样便于裁剪。

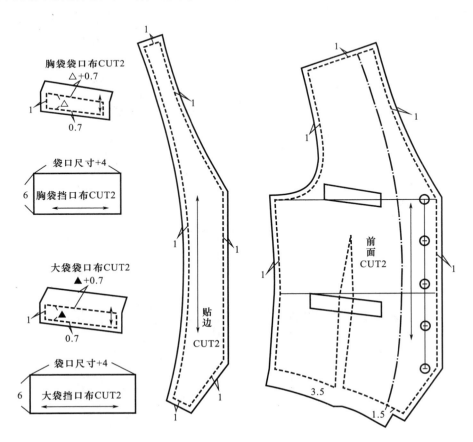

图1-7　面料样板

2. 里料样板

里料的伸缩性差一些，而且较薄，为了适应面料的伸缩性，又不至于在穿着时因用劲而拉坏里料，里料样板缝份可适当加大。或者缝合时适当缝小缝份，使各部位缝合线有一定的余量（图 1-8）。

（1）前身里料：先订正前身胸省底摆处，然后再放缝份。前衣片在肩缝、侧缝处均放缝份 1.2cm，前搭门、底边处均放缝份 1cm，袖窿处放缝头 0.8cm。

（2）后身里料：领口、肩缝、侧缝处均放缝份 1.2cm，底边处放缝份 1cm，袖窿处放缝份 0.8cm。

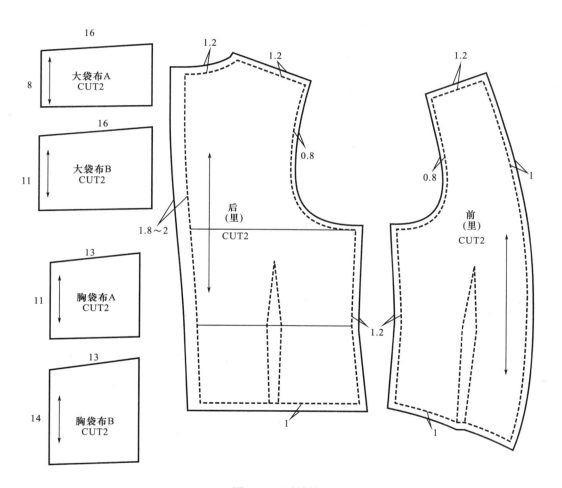

图 1-8　里料样板

3. 衬料样板

以放完缝份的面料样板为基础，制作衬料样板，衬要比面料样板缩进 0.3cm。黏合衬的部位有前身片、贴边、袋口布（图 1-9）。

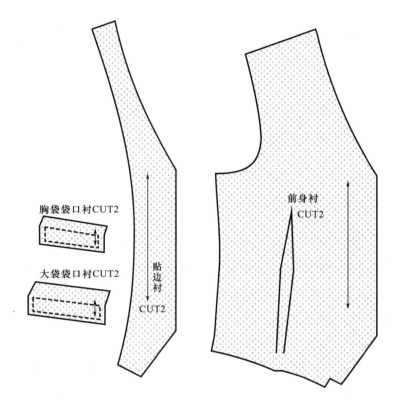

胸袋袋口衬CUT2

大袋袋口衬CUT2

贴边衬 CUT2

前身衬 CUT2

图 1-9　衬料样板

六、排板与裁剪

1. 面料排板与裁剪

把布幅双折后，正面向里比好纱向，使纵、横纱向成直角。排料时应做到排列紧凑，减少空隙，充分利用衣片的不同角度、弯势等形状进行套排，要先排大片，后排零部件。要尽可能节省面料，不要造成浪费。有方向性、倒顺毛和有光泽的布料，要向同一方向排板（图 1-10）。

男马甲用面料裁剪的裁片是：前身片两片，贴边两片。胸袋袋口布两片，胸袋挡口布两片；大袋袋口布两片，大袋挡口布两片。

2. 里料排板与裁剪

里料较滑爽，纱向不易定型，易发生偏斜。排料时把里料双折后一定要烫平，使之稳定，整理好纱向后，用别针固定好样板，再进行排料裁剪。

男马甲用里料裁剪的裁片是：后身片面两片，前身片里两片，前身片里两片，后腰带左右各一片，胸袋布四片，大袋布四片（图 1-11）。

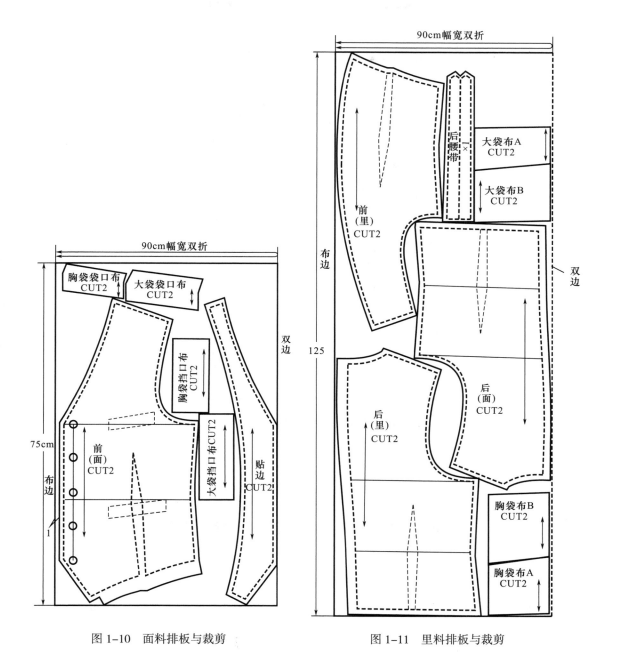

图 1-10　面料排板与裁剪

图 1-11　里料排板与裁剪

3. 衬料排板与裁剪

在排料时，把带有黏胶粒的一侧放入里面双折，同面料一样整理好后再裁。前身和贴边、口袋等想要定型的部位，裁剪方向与面料相同，使用经纱。男马甲用衬料裁剪的裁片是：前身衬两片，贴边衬两片，胸袋袋口衬两片，大袋袋口衬两片（图 1-12）。

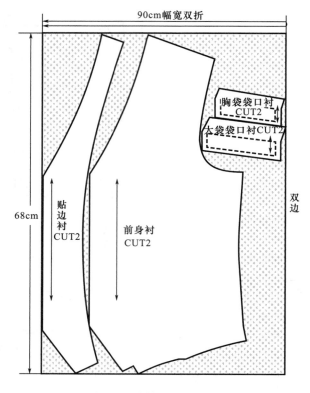

图1-12 衬料排板与裁剪

第三节　男式休闲马甲结构制图

一、设计说明

　　此款便装休闲马甲为V型领，可为休闲、徒步旅行、登山之用。挖袋，有袋盖，后背有破缝线；前止口、底边、贴袋处可压明线装饰；前门襟既可以锁眼钉扣，也可以绱拉链。此款马甲的设计重点在于它是一款年轻化的重叠式马甲。休闲类马甲的基本结构与正式型马甲并无多大差别，余量可以比基本型马甲大一些，差别主要在面料、门襟、扣子、口袋等装饰部位的设计不拘一格，因此可以在基本型马甲制图的基础上加上重叠片和挖袋，穿着也比较自由、方便（图1-13）。

　　面料：后衣身与前衣身可用相同的面料，也可用不同的面料制作。可选用毛织物、化纤织物、混纺织物，或根据用途使用麻、厚棉卡其、帆布等面料。休闲马甲的材料比较侧重于天然与仿天然纤维织物。

正面　　　　　　　　　　　　　　　　背面

图 1-13　男式休闲马甲款式图

二、材料使用说明

面料：140cm 幅宽，用量衣长 +10cm 。

里料：90cm 幅宽，用量 85cm。

黏合衬：90cm 幅宽，用量前衣长 +10cm。

辅料：直径 1.8 ～ 2cm 的扣子 5 粒，备用扣 1 粒。

三、规格尺寸

男式休闲马甲规格尺寸见表 1-2。

表 1-2　男式休闲马甲规格尺寸表

单位：cm

部位 规格尺寸	后衣长	胸围	背长
型号 170/90A	60	104	45

四、结构制图

该马甲样板使用男西装马甲（基本型马甲）绘制（图 1-14）。

（1）要绘制重叠式休闲马甲可以先画出基本型马甲，然后在基本型马甲的基础上画出重叠片和挖袋。休闲马甲可适当加长衣长、肩宽和放大胸围量，下摆可为平下摆也可为

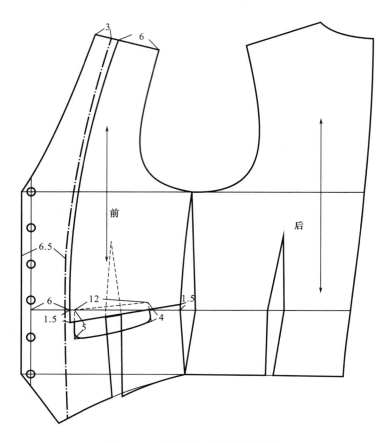

图 1-14 男式休闲马甲结构制图

尖下摆或斜下摆。领口大小可根据里面穿着衣服的材质设计。

（2）重叠片的大小与口袋大小可配合马甲的穿着效果而定。

第四节 青果领男马甲结构制图

一、设计说明

青果领（又名丝领）是 20 世纪 80 年代复古风格，领面形似青果形状。青果领在现今的青年一代中非常流行，这种服装穿在身上既舒适又美观，给人比较斯文的感觉，把它作为一款礼服式的马甲，比较别致、合适。此款马甲为单排五粒扣。前面为圆下摆，较合体，口袋为挖袋，后片破开并向里收腰，男青果领马甲的领子是一种装饰，只有前部分驳领，没有后面的肩领，领子只到肩缝处（图 1-15）。

正面　　　　　　　　　　　　　　　　背面

图 1-15　青果领男马甲款式图

二、规格尺寸

青果领男马甲规格尺寸见表 1-3。

表 1-3　青果领男马甲规格尺寸表　　　　　　　　单位：cm

规格尺寸　　　部位	总长	胸围	腰围（净）
型号 170/90A	146	100	83

注：图中的胸围为净胸围（B）；图中标注的总长占总体长的 $\frac{7}{8}$（测量时可从人的后颈点量到脚底）。

三、结构制图

青果领男马甲可使用比例方法绘制。在结构制图中不管用原型绘制还是用比例绘制，其最后的结果都应是一样的（图 1-16）。

1. **后身片**

（1）后领窝宽：$\frac{B}{10}-1cm$。

（2）袖窿深：从前后衣片的肩端点连线的中点向下量 $\frac{B}{5}+3cm$。

（3）侧缝线位于后中心的完成线与前中线的中点处，先画出侧缝线的辅助线，再从辅助线腰节处收 0.5cm 作为后片的侧缝线，前片从辅助线腰节处收 1.5cm，袖窿处从辅助

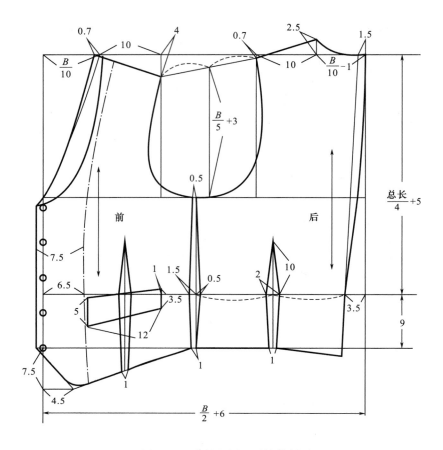

图 1-16　青果领男马甲结构制图

线收 0.5cm，下摆处收 1cm。

（4）后腰省：腰省量为 2 ~ 3cm，省中线垂直至底边。

2. 前身片

（1）前领窝宽：后领窝宽 +1cm。

（2）前片宽：$\dfrac{B}{4}$+1cm。

（3）袖窿深前后相同，前片腰省大为 2cm，根据领深与衣长均分纽扣 5 粒。

（4）袋口：制作挖袋、贴袋均可。

讲练结合——

女马甲

课程名称： 女马甲

课程内容： 1. 基本型女马甲结构制图与样板

           2. 系带式女马甲

           3. 立领式女马甲

           4. 变化型女马甲

           5. 女牛仔棉马甲

上课时数： 24 课时

教学提示： 讲解女马甲的种类、款式造型、材料及其功能性；讲解女马甲的测体方法及不同马甲的加放量的设计；讲解女马甲基本型的结构制图原理及样板制作方法；讲解系带式女马甲的结构制图方法；讲解立领式女马甲的结构制图方法；讲解各种变化型女马甲的结构制图方法；讲解女马甲的排料方法及要求。

教学要求： 1. 选取最具代表性的女马甲款式,讲解女马甲的制图方法及样板制作方法。

    2. 学生能据女马甲款式的不同，正确地、合理地设计胸围余量的加放。

    3. 要求学生通过实践这些经典款式的制板，能够举一反三，能独立完成其他变化型款式女马甲的样板制作。

    4. 掌握女马甲样板制作技能和工业化样板制作的能力；具有工业化排板的考料能力。

    5. 通过学习服装企业工作案例，使学生了解女马甲产品开发的过程和要求，以及与服装结构设计的相互关系，从而更好地应用女马甲结构设计的知识，为企业进行女马甲产品的开发服务。

课前准备： 调研本地区最新流行的女马甲款式；女马甲教学课件；视频教学资料；女马甲的样衣；女马甲的工业用样板；常用绘图工具；学生查阅有关女马甲的相关资料，准备上课用的（1：4）比例尺、（1：1）制图工具、笔记本等。

第二章　女马甲

第一节　基本型女马甲结构制图与样板

马甲是女装的基本服种，一般指无领无袖的上衣。马甲起初是男装三件套中的一件服装。第二次世界大战时，女性渐渐从家庭步入社会在职场上充当一份子，着男装体现一种干练和能力，但随着社会渐渐发展，女子穿着马甲成为一种时尚。马甲在春秋两季比较多见，里面穿着衬衣或 T 恤，早晚天凉时外搭马甲，既保暖又时尚。

一、设计说明

女马甲基本型，结构比较简单，无领无袖，衣身比较合体，V 字领，前开襟 5 粒扣，下摆为尖角造型。前后身均有腰省，前身有两个口袋（图 2-1）。

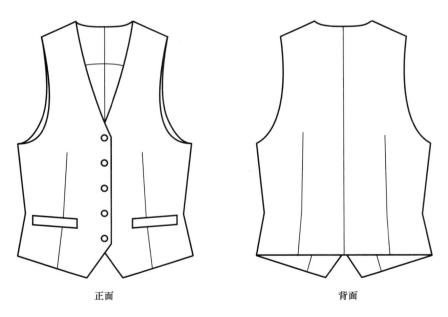

正面　　　　　　　　　　　　　　背面

图 2-1　基本型女马甲款式图

面料：可使用一般的毛料、化纤类、棉、麻和毛涤混纺织品，还可以根据流行喜好自由选择面料。

二、材料使用说明

面料：140cm 幅宽，用量 60cm。

里料：90cm 幅宽，用量 60cm。

三、规格尺寸

基本型女马甲规格尺寸见表 2-1。

表 2-1　基本型女马甲规格尺寸表　　　　　　　　　　　　　　　单位：cm

规格尺寸 ＼ 部位	衣长	胸围	臀围	腰围
型号 160/82A	50	92	94	70

四、结构制图（图2-2）

（一）基础线

1. 放置原型

先放置前片，将腰线向上抬高 1cm，然后放置后片。

2. 确定衣长

延长后中心线，从腰线向下量取 18cm 画水平线，此线为臀围线，并与前中线连接，再从腰线向下量取 8cm 画水平线，并与前中线连接为衣长。

3. 确定胸围

确定胸围加放量，从原型前后胸围线最宽处向下画垂直线，作为侧缝辅助线。胸围的加放量由款式、面料、季节和穿着者的习惯决定。

（二）完成线

1. 后片

（1）从后中心线和腰围线的交点向里收进 2cm，下摆收进 2cm，画直线，然后经过后片袖窿深的 $\frac{1}{2}$ 点，与新的后中心线连接圆顺。

（2）确定后领宽、后领深，画后领口弧线。

（3）确定肩宽，画后肩线。马甲的肩宽一般比外套窄。

（4）确定袖窿深，画后袖窿弧线。

（5）确定侧缝收腰的量，画侧缝线。侧缝线要参考臀围宽，以满足臀围较大的人群。

（6）将底边线画顺畅。

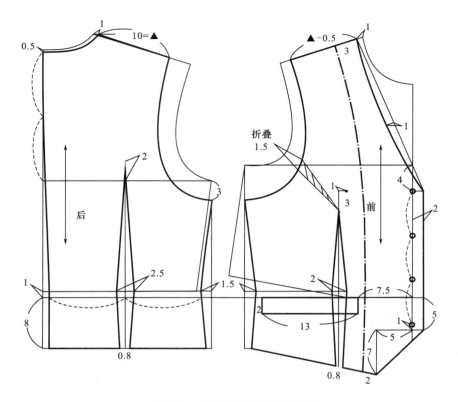

图 2-2　基本型女马甲结构制图

（7）确定后腰省的位置和大小，注意此处要量取穿着者的腰围、臀围及腹围尺寸。

2．前片

（1）确定搭门量，画前片止口。

（2）确定前领宽、前领深，画前领口弧线。

（3）量取后肩宽，确定前肩宽，画前肩线。

（4）确定袖窿深，画前袖窿弧线。

（5）确定侧缝收腰的量，画侧缝线。侧缝线要参考臀围宽，以满足臀围较大的人群。

（6）确定下摆的造型，画前底边线。

（7）确定前腰省的位置和大小，注意此处要量取穿着者的腰围、臀围及中臀围尺寸。

（8）确定口袋的位置及造型，画口袋。

（9）确定纽扣的数量及位置，画扣位。

3．画出前后片的完成线

4．画贴边线

五、样板订正与制作

　　由于女子有胸部突起，且女马甲属于无袖的服种，袖窿深比较深，所以要将袖窿处浮余的量捏起来进行样板补正，捏起来的量的多少与胸部突起高低有关，胸突越高捏起来的量就越大，反之越小（图 2-3）。

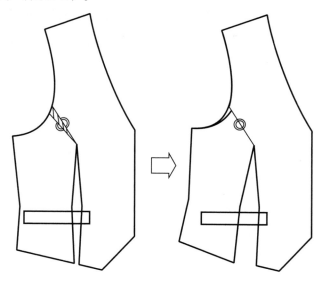

图 2-3　样板订正

（一）面料样板

1. 衣身样板

后中心加放 2cm 缝份，底边加放 4cm 缝份，领口、肩线、袖窿、侧缝、前片止口均加放 1cm 缝份（图 2-4）。

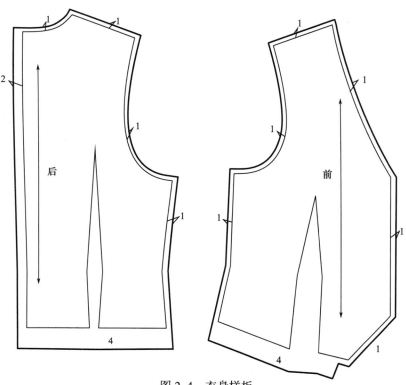

图 2-4　衣身样板

2. 贴边样板

后片贴边：袖窿向下量取 5cm，后中向下量取 10cm，用弧线连顺。下摆加放 4cm 缝份，后中加放 2cm 缝份，领口、肩线、袖窿、侧缝均加放 1cm 缝份。前片贴边如图 2-5 所示。

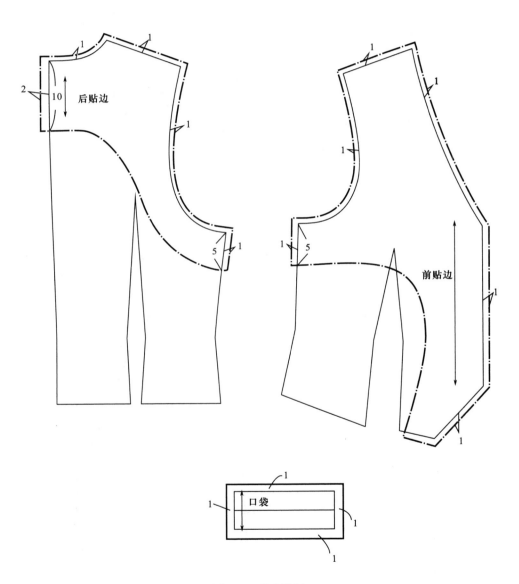

图 2-5 贴边样板

（二）里料样板

后中心加放 2cm 缝份，底边加放 1cm 缝份，与贴边结合处加放 2cm 缝份（图 2-6）。

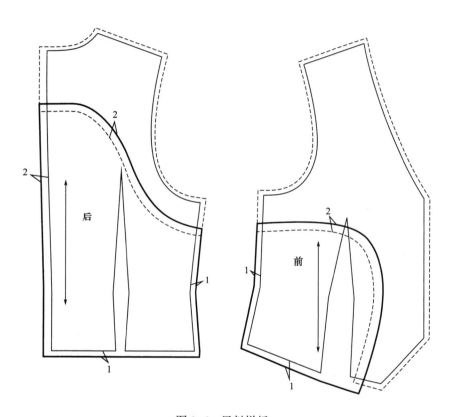

图 2-6　里料样板

（三）衬料样板

衬料样板在面料样板基础上减小 0.2 ~ 0.3cm（图 2-7）。

六、排板与裁剪

马甲面料与西服套装面料相同，幅宽比较宽，对于马甲来说用料较少，所以排料可以和西服一起套排，也可以单独排料（图 2-8）。

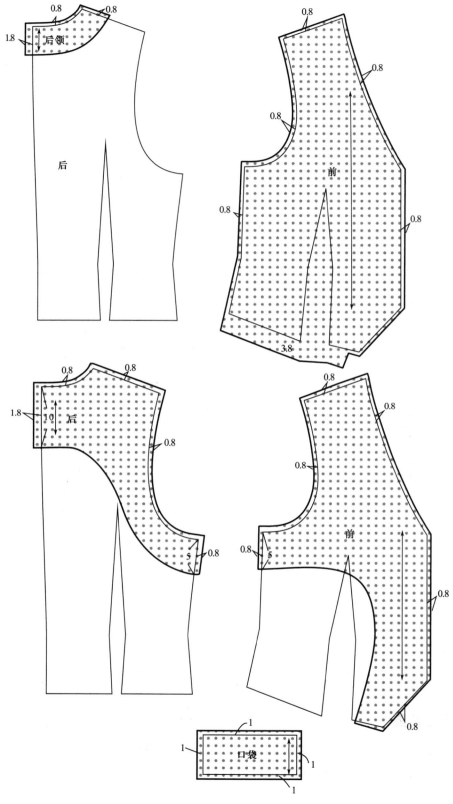

图 2-7　衬料样板

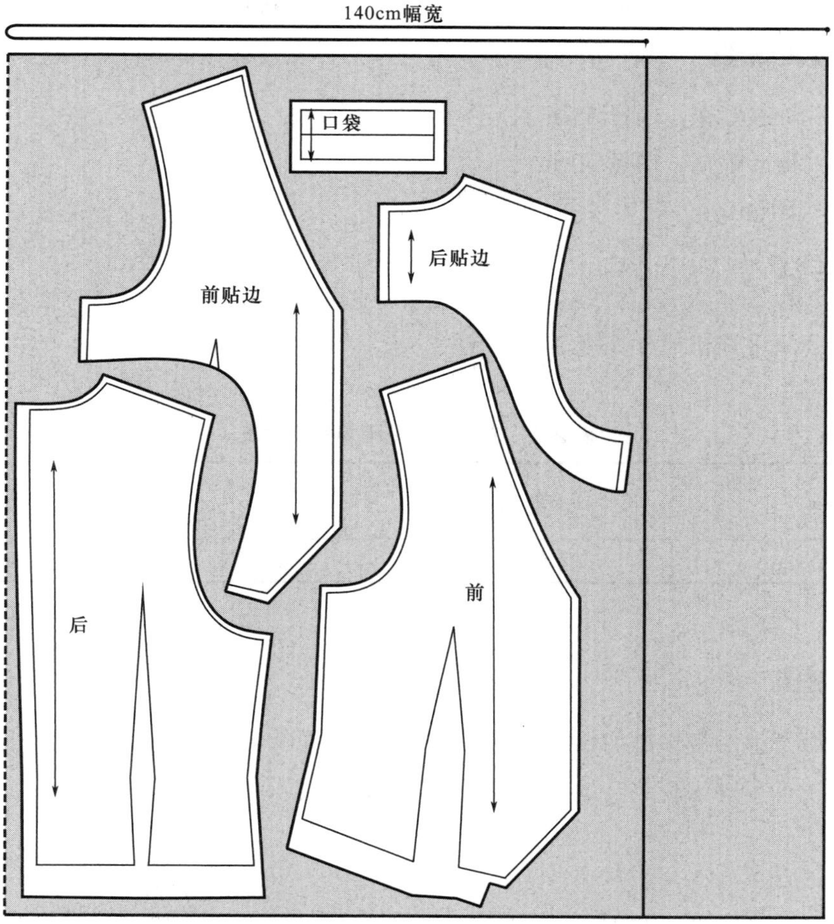

140cm幅宽

口袋

前贴边

后贴边

后

前

图2-8　排板与裁剪

第二节　系带式女马甲

一、设计说明

　　此款马甲造型别致，后背是空的，从前片引出带子系在腰间，领子是前片挂脖式样。一般采用牛仔、卡其面料体现休闲风格或者采用闪光面料作为舞台服装使用（图2-9）。

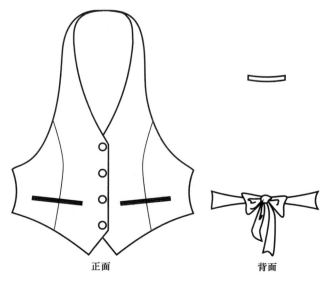

正面　　　　　　　　背面

图2-9　系带式女马甲款式图

二、材料使用说明

面料：144cm 幅宽，用量 55cm。

里料：140cm 幅宽，用量 50cm。

无纺衬：50cm。

三、规格尺寸

系带式女马甲规格尺寸见表 2-2。

表 2-2　系带式女马甲规格尺寸表 单位：cm

部位 规格尺寸	前衣长	胸围	腰围
型号 160/82A	46.5	92	70

四、结构制图

女马甲脖子上的带子可加长制作成系带式样，腰间的带子可以后中连裁（图 2-10）。

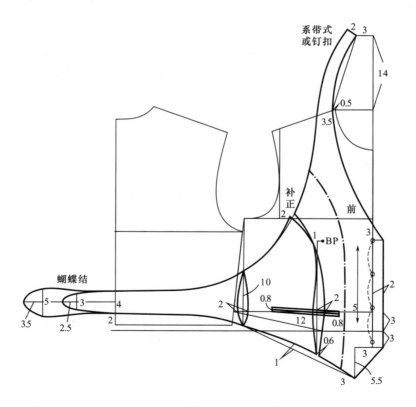

图 2-10　系带式女马甲结构制图

第三节　立领式女马甲

一、设计说明

　　该款属于简洁的套装马甲风格，借用套装的衣身设计，有驳头和立领设计一粒扣，斜门襟，前后衣身有刀背线分割，使马甲更加贴身合体，两侧各有一个双袋牙的口袋。内搭衬衫或 T 恤。面料使用薄呢、混纺，或同西服套装的面料，体现女性的成熟、稳重干练（图 2-11）。

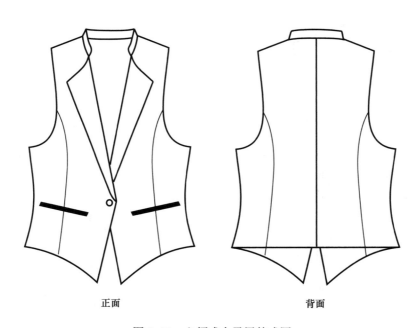

正面　　　　　　　　　　背面

图 2-11　立领式女马甲款式图

二、材料使用说明

　　面料：140cm 幅宽，用量 70cm。

　　里料：140cm 幅宽，用量 55cm。

　　无纺衬：50cm。

三、规格尺寸

　　立领式女马甲规格尺寸见表 2-3。

表 2-3　立领式女马甲规格尺寸表　　　　　　　　单位：cm

部位 规格尺寸	衣长	胸围（B）	腰围（W）	臀围（H）
型号 160/82A	52	92	70	94

四、结构制图

立领式女马甲结构制图如图 2-12 所示。

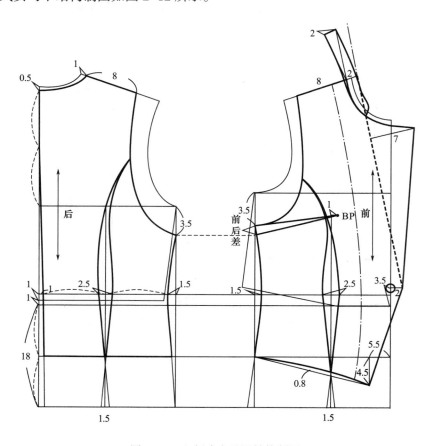

图 2-12　立领式女马甲结构制图

第四节　变化型女马甲

一、设计说明

该款式属于休闲类马甲，设计特点主要体现在后背的吊带上，无领斜门襟，第一排两粒扣，下面四粒扣。有刀背线分割，使马甲更加贴身合体。内搭衬衫或 T 恤。可使用混纺、牛仔等面料制作。另外，如果需要飘逸风格，可以在此样板的基础上进行切展，并配以雪纺或者悬垂好的木代尔针织面料，使服装形成休闲、飘逸的风格（图2-13、图2-14）。

正面　　　　　　　　　　　　　　　　背面

图2-13　变化型女马甲款式图（普通款）

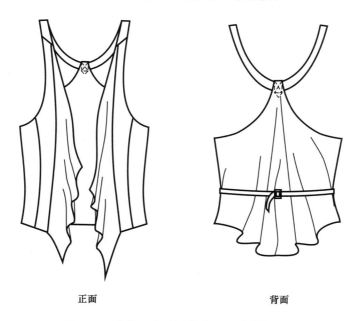

正面　　　　　　　　　　　　　　　　背面

图2-14　变化型女马甲款式图（雪纺款）

二、材料使用说明

普通面料：140cm幅宽，用量60cm。

雪纺布：140cm 幅宽，用量 70cm。

无纺衬：70cm。

三、规格尺寸

变化型女马甲规格尺寸见表 2-4。

表 2-4　变化型女马甲规格尺寸表

单位：cm

部位 规格尺寸	衣长	胸围	腰围	臀围
型号 160/82A	52	92	70	94

四、结构制图

变化型女马甲结构制图如图 2-15 所示。

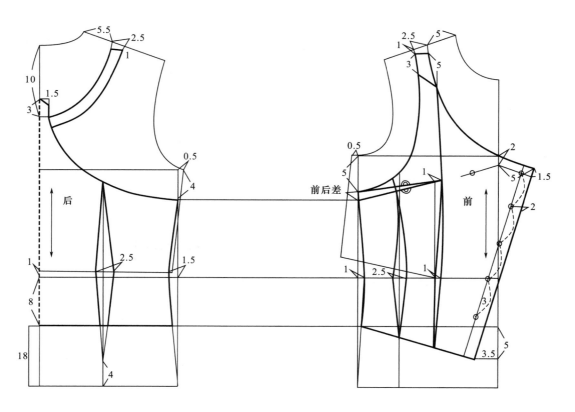

图 2-15　变化型女马甲结构制图（普通款）

五、样板制作

肩带是前后片整条设计，所以要将肩带样板拼接；侧片处理前后差的问题进行样板拼接，缝合后形成合体造型（图 2-16）。

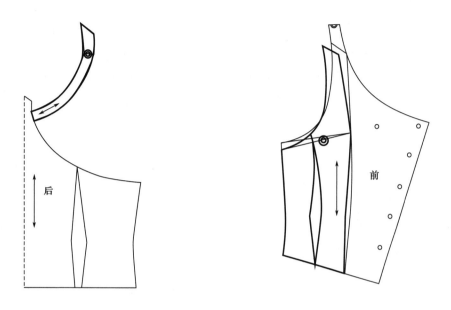

图 2-16 样板制作（普通款）

此款式经过样板切展可以变化出风格迥异的造型。后片样板切展制作方法同前片（图 2-17）。

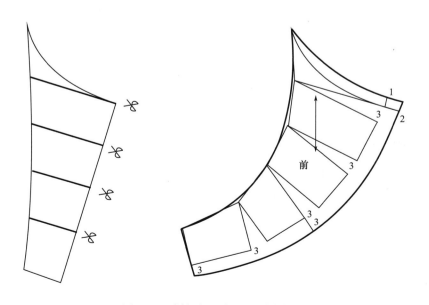

图 2-17 样板切展方法（雪纺款）

第五节　女牛仔棉马甲

一、设计说明

此款牛仔棉马甲设计，时尚、合体。外面选用牛仔的水洗面料，采用抓绒针织或仿羊羔毛作为里料，保暖性强。领子为立领，也可以翻下来穿着，衣身上有衍缝的明线，5粒扣，圆形前短后长下摆，前面两侧有方形口袋。该款适合入冬初春穿着，内搭卫衣、连帽衫，下配牛仔裤，体现休闲运动的风格（图2-18）。

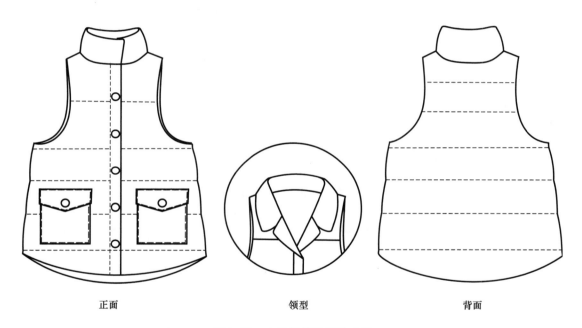

正面　　　　　　　　　　　领型　　　　　　　　　　　背面

图2-18　女牛仔棉马甲款式图

二、材料使用说明

面料：140cm 幅宽，用量 70cm。

里料：140cm 幅宽，用量 60cm。

无纺衬：60cm。

腈纶棉：70cm。

三、规格尺寸

女牛仔棉马甲规格尺寸见表2-5。

表 2-5　女牛仔棉马甲规格尺寸表　　　　　　　单位：cm

规格尺寸＼部位	衣长	胸围	腰围
型号 160/82A	54.5	94	70

四、结构制图

女牛仔棉马甲结构制图如图 2-19 所示。

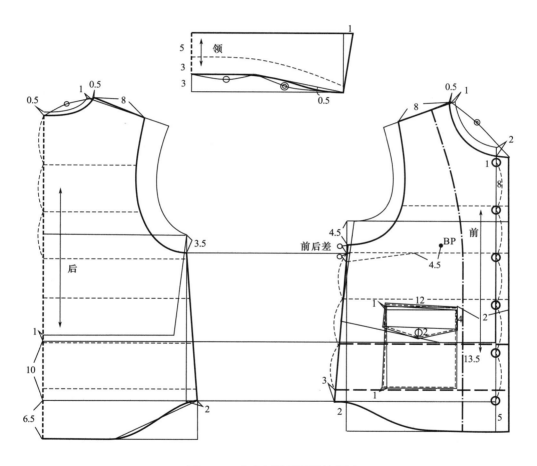

图 2-19　女牛仔棉马甲结构制图

讲练结合——

女套装上衣

课程名称： 女套装上衣

课程内容： 1. 女套装基础知识

2. 刀背线女西服结构制图与样板

3. 变化型刀背线女西服

4. 戗驳头女西服

5. 公主线双排扣女西服

6. 立领女西服

7. 连身领连身袖女上衣

8. 翻领打褶女西服

9. 工作案例分析——公主线女西服

上课时数： 56 课时

教学提示： 本课题为理论与实践相结合的授课方式，介绍女西服的款式造型、局部款式设计要点；讲解运用女子原型绘制女西服结构制图原理及方法，讲解工业用样板制作（面料、里料、衬料）方法及要领；针对不同款式重点讲解身片纵向、横向分割线的结构设计，讲解不同领子、袖子、口袋等细部结构设计变化及制图方法；讲解不同款式女西服面料选择、预算使用量及排板方法。

教学要求： 1. 了解女西服制图所需测量的基本部位，掌握女西服测体方法及要求。

2. 识别效果图、款式图、具备款式分析能力。

3. 使学生理解女西服结构制图原理，掌握绘制女西服结构制图的方法。理解女西服衣身、衣领、衣袖等结构制图原理，及各结构线之间的匹配关系，掌握绘制变化型女西服结构制图方法。

4. 使学生理解女西服样板制作方法，掌握标准化的工业用样板制作技术，融会贯通，学会举一反三。

5. 使用实际测量的人体尺寸进行女西服结构制图及样板制作练习。

6. 利用人体模型，进行规范性的样板实验补正；通过个人假缝试穿，掌握样板补正技术。

课前准备： 收集国内外最新的女装款式，调研本地区最新流行款式，使学生从基本款式与设计方法等方面来认识女西服，了解女西服结构及造型的变化；课前准备女西服着装人台；不同款式的女西服样衣；常用测量工具、制图工具及女西服常用面料；女西服教学课件；学生查找的女西服相关资料；学生准备上课使用的制图工具（1∶4）比例尺、笔记本及学生实际操作使用的制图工具（1∶1）样板尺、样板纸。

第三章　女套装上衣

第一节　女套装基础知识

一、套装的定义

原则上讲，用同种面料制作的上下衣叫作套装。女式套装通常由上装与裙子或裤子组合而成。

女装以西服的形式出现是在 19 世纪 70 年代后期，由于第二次世界大战以后，职业女性的增加和女性社会地位的逐步提高以及伴随着生活现代化，着装意识与形态发生的多样性变化，套装在形态上呈现出千姿百态，素材上也是丰富多彩。

二、套装的分类

1. 根据形态分类

根据形态分类，如西服套装、夏奈尔套装等。

西服套装是具有正统西装格调的西服外套的总称，领子、口袋、廓型等根据流行的不同而变。单排扣西服前门多为一排扣，领型为平驳头。双排扣西服外套增大了前门的重叠量，一般为双排扣、戗驳头。

夏奈尔套装是已故服装设计师夏耐尔设计的、以简洁线条为基调的女式无领套装。领口、前门襟、下摆、袋口等处都有镶边。

2. 根据目的、用途分类

根据目的、用途分类，如休闲套装、礼服套装等。

休闲服（casual suit）是类似运动服或游玩服的轻便式套装。

午后服（afternoon suit）是午后访问、社交时穿用的，相当于简化后的套装。

夜便礼服（dinner suit）是晚会时穿用的套装，也可作为略式晚礼服穿用。

燕尾服（cocktail suit）是从傍晚到深夜的鸡尾酒会中穿用的套装，很潇洒。

3. 根据材料分类

根据材料分类，如针织套装、皮革套装等。

针织服（knitted suit）是指用编织物或针织布料制作的套装。

皮服（leather suit）是指用皮革制作的套装。

4. 根据季节分类

根据季节分类，如春夏套装、秋冬套装等。

夏季套装（summer suit）是用透气性材料制作的，具有清凉感觉。

冬季套装（winter suit）是用厚料制作的，以防寒为目的。

三、套装的材料

套装的材料可根据套装的款式、穿着目的、着装季节、个人爱好等进行选择。套装为基本款式时，可选择组织结构紧密和格子变化的面料；套装设计有很多分割线的款式时，可选择素色或者比较简洁的面料；也可将条格与直丝绺、横丝绺、斜丝绺组合起来进行设计。

1. 面料

根据季节、设计、用途、穿着者的爱好来选择色彩、图案、材料等。一般情况下，当造型比较简洁时，要力求在材料上作变化；当造型比较复杂时，要使用简洁的材料。这里列举一些不同材料的常用布料名称。

毛料：法兰绒、粗花呢、华达呢、乔其绉、凡立丁、波拉呢、开司米、驼丝锦、精纺毛等。

丝绸：丝织猎装绒、古香缎、织锦缎、罗缎、印度丝、塔夫绸、绉绸、天鹅绒等。

其他：棉布、亚麻布、化纤、皮革等。

2. 里料

因为里料具有顺滑的特性，所以，加上里子后不仅穿着舒适、穿脱方便，还能保护面料、延长衣服的使用寿命。因此，耐磨、耐洗、不掉色是里料所要具备的条件。除此以外，还有保暖、保型等作用。

里料的组织有平纹、斜纹、缎纹和经编等，材料有人造丝、尼龙、涤纶、棉、丝绸等。因各自的特性都不相同，所以选择时，要适合面料与造型。一般使用与面料同色的无花纹里料。如果是成套服装，有时也使用与衬衣相同的布料作里料。

3. 衬

使用衬的目的，是辅助面料进行造型，增加面料的厚度与重量，使之挺括以塑造造型。

在衬的种类中，有毛衬、棉衬、麻衬，化纤的有纺衬、无纺衬、针织衬等，此外，还有在局部位置使用的白棉布、胸绒等。在这些衬中喷上黏合剂，便有了黏合衬。

黏合衬增加了衬的作用，具有缝制的合理化、均一化等特性。

第二节　刀背线女西服结构制图与样板

一、设计说明

此款女西服被刀背线分割成前中心、前侧、后中心、后侧八片；领子为 V 型平驳头西服领；袖子为两片西服袖；门襟为单排二粒扣；前摆为直摆；衣长大约在臀围线附近。设计简单，深受不同年龄的职业女性喜爱（图 3-1）。

正面　　　　　　　　　　　　　　　　　背面

图 3-1　刀背线女西服款式图

可根据流行与爱好自由决定衣服的长度、驳头与西服领的形状、前摆形状以及口袋形状，同时也可以使用不同的材料，呈现不同的穿着效果与风格。

一般可采用棉、麻、毛及化纤混纺等面料。

二、材料使用说明

面料：140cm 幅宽，用量 150cm。

里料：140cm 幅宽，用量 130cm。

衬料：110cm 幅宽，用量 100cm。

三、规格尺寸

成品规格尺寸按照净体尺寸加放余量。净胸围 82cm 加 10cm，92cm 为成品尺寸；净臀围 90cm 加 6cm，96cm 为成品尺寸；净腰围 66cm 加 6cm，72cm 为成品尺寸（表 3-1）。

表 3-1　刀背线女西服规格尺寸表　　　　　　　　　单位：cm

规格尺寸 ＼ 部位	后衣长	胸围（B）	腰围（W）	臀围（H）	肩宽（S）	袖长
型号 160/82A	56	92	72	94	38	55

四、结构制图

在制图中使用成品尺寸计算。运用160/82A（9AR）文化女子原型制图。

（一）衣身、领子结构制图

1. 绘制基础线（图3-2）

（1）放置原型：把前后原型放在同一条直线上即腰围线上。实际收腰在腰围线上抬高1cm，是为了身片造型美观考虑的。

（2）确定胸围尺寸：原型加放的余量10cm就是刀背女西服的余量，为了制作比较收身的西服不需再加放余量，如需略宽松一点可以再加放 1 ~ 2cm。

（3）前身原型撇胸0.5cm，使胸部造型更合体。从腰围线向下量18cm为臀围线。

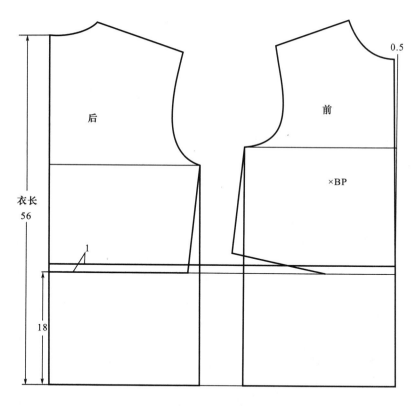

图3-2 基础线绘制

2. 后衣身结构制图（图3-3）

（1）后领口、后肩线：过侧颈点画1cm长的水平线，将水平线的端点作为新的后领宽点；从后中心量$\dfrac{\text{肩宽}}{2}$确定肩端点，连结侧颈点与肩端点即为肩线。

（2）袖窿线：袖窿向下开深1.5cm，参照原型的袖窿将新袖窿弧线画顺。

（3）腰围宽：后中心处收 2cm 的腰省，侧缝处收 1.5cm 的腰省，量取所需的 $\frac{W}{4}$−1cm，剩余的腰省量放在后片腰围中心处。

（4）臀围宽：由后中心线开始在臀围线上量出 $\frac{W}{4}$−1cm 的宽度，不足量由侧缝向外放出或通过交叉省的两边解决。

（5）刀背线：从肩端点沿袖窿弧线向下 8.5cm 处开始画刀背线，连至腰再到底边。

3. 前衣身结构制图（图 3-3）

（1）前肩宽：从前领开宽 1cm 的地方开始画肩线，长度等于后肩线长 −0.5cm。

（2）胸围为 9AR 原型的宽度。

（3）腰围宽：侧缝收腰 1.5cm，量取所需的 $\frac{W}{4}$+1cm，剩余的在 BP 点下方位置收腰省。

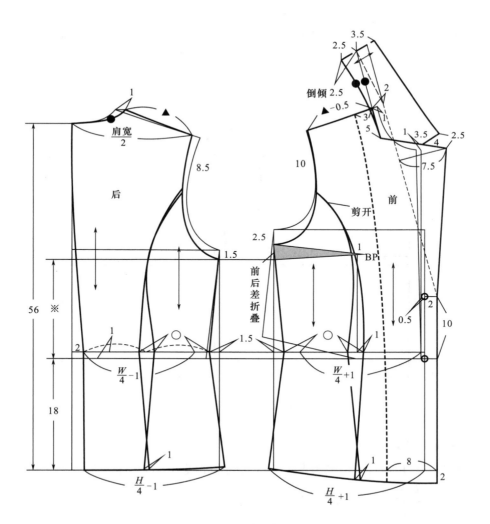

图 3-3　衣身结构制图

（4）臀围宽：由前中心线开始在臀围线上量出 $\frac{H}{4}$+1cm 的宽度，不足量由侧缝向外放出或通过交叉省的两边解决。

（5）刀背线：从肩端点沿袖窿弧线向下 10cm 处开始画刀背线，连至腰再到底边，造型要美观。

（6）最后确认三围、三宽及袖窿尺寸。

4. 领子结构制图（图 3-3）

（1）确定扣位：腰围线为第二粒扣位，从腰围线向上 10cm 为第一粒扣位，向外 2cm 为驳头止点，连结侧颈点延长线画出翻驳线。

（2）画出后领宽：过侧颈点作翻驳线的平行线，长度等于后领口弧线长，倾倒 2.5cm，作垂线，定出后领宽 6cm，后领座 2.5cm，翻领宽 3.5cm。

（3）画出前领宽：画出垂直于翻驳线的驳头宽 7.5cm，再从驳头顶点向里量 4cm 画出前领宽 3.5cm。前领宽与驳头顶点相距 2.5cm。

（二）前片展开与袋位（图 3-4）

（1）折叠前后差，将省道转移到刀背线处。

（2）袋位：从前中心沿腰围线水平偏移 7cm，再向下偏移 3cm 即为右侧袋口，口袋长 13cm，从腰围线向下 1.5cm 为左侧袋口，袋宽 5cm，袋盖后部向外放 0.5cm，底部画圆角。

（三）袖子结构制图

此袖为两片袖，袖子向前的方向性更强，袖口的装饰纽扣可以钉二粒或三粒。

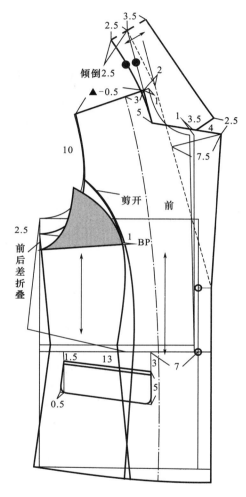

图 3-4　前片展开与袋位

（1）袖山高的确定，按袖窿深的 $\frac{5}{6}$ 确定袖山高（图 3-5）。

（2）确定前后袖肥，只在后袖山斜线中加 1cm 的原因是，手需要经常向前做动作，所以吃量就应该相应增加。

（3）可以从袖山点向下取 $\frac{袖长}{2}$+2.5cm 确定肘线，也可以根据后身片袖窿深线到腰围线的距离确定肘线，用"※"来表示。肘的位置略高，可以使人看起来舒服，服装造型美观。

（4）确定袖口大小，大小袖互借量，画大小袖、画扣位。

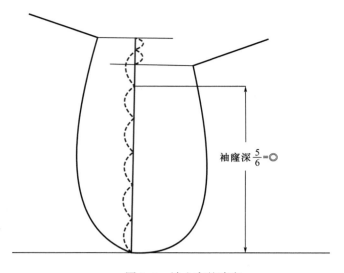

图 3-5　袖山高的确定

（5）最后确认袖山吃量，根据面料厚度、缝制方法及袖子造型确定吃量大小（图 3-6）。

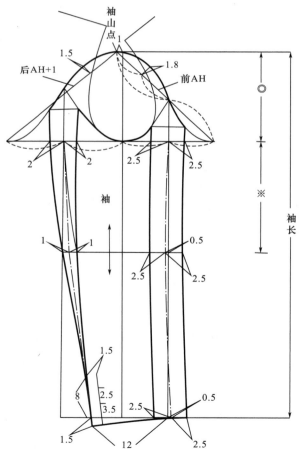

图 3-6　袖子结构制图

袖山吃量＝袖山弧线长 – 前后 AH 之和。

五、样板制作

首先核对各缝合部位的尺寸、合印点、线的连接等，有误差的地方要重新订正，然后复制出每一部件的净样，平行于净样加放缝份，缝合部位的缝份宽度要取相同的尺寸。根据设计、面料、缝制方法的不同，缝份也不相同。为了正确均匀地缝制，要按照缝制顺序加放缝份。缝份的大小一方面根据设计要求、面料的结构特征及缝制工艺来决定，另一方面根据面料价格的高低来决定。如果面料价格较高，可适当多留些缝份，作为体型发生变化时的调节量。

（一）面料样板制作

1. 衣身面料样板（图 3-7）

（1）前片在领口、肩缝、袖窿、侧缝、前门处放 1cm 的缝份，下摆处放 4cm 缝份。

（2）腋下片在下摆放 4cm 的缝份，其余部位放 1cm 的缝份。

（3）后片在后中心放 1.2cm 的缝份，下摆放 4cm 的缝份，其余部位均放 1cm 的缝份。

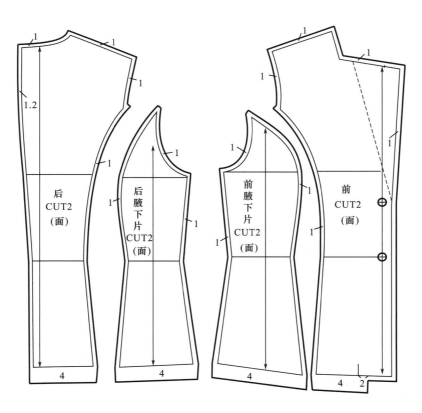

图 3-7　衣身面料样板

2. 袖子面料样板（图 3-8）

大、小袖在袖口折边放 4cm 的缝份，袖开衩处放 3cm 的缝份，其余部位均放 1cm 缝份。领里后中心连裁、其他三边放 1cm 缝份，袋盖上口放 1.5cm 缝份，其他三边放 1cm 缝份。

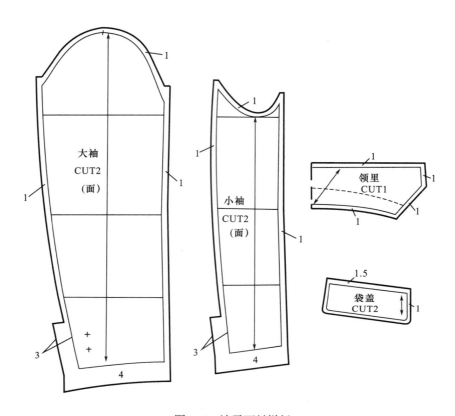

图 3-8　袖子面料样板

3. 领面、贴边样板（图 3-9）

把贴边的翻驳线剪开放出驳头的翻折量，此量要根据面料薄厚适当增减，并且要与领面翻折线处放量相同，再放出吐口量 0.2cm。

（二）里料样板制作

1. 衣身里料样板（图 3-10）

（1）在前片与前腋下片缝合的位置放 1.2cm 缝份，袖窿放 1.2cm 缝份，其余部位均放 1cm 缝份。

（2）腋下片在下摆放 1cm 缝份，其余部位放 1.2cm 缝份。

（3）后片在后中心放 2cm 缝份，后片与后腋下片缝合的位置放 1.2cm 缝份，袖窿放 1.2cm 缝份，其余部位均放 1cm 缝份。

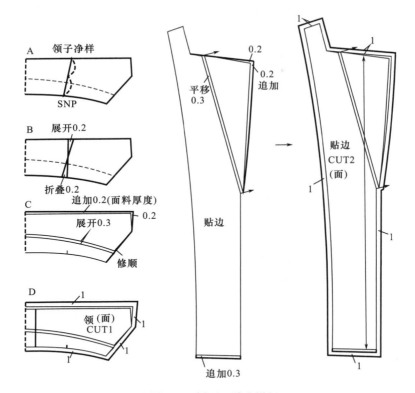

图 3-9　领面、贴边样板

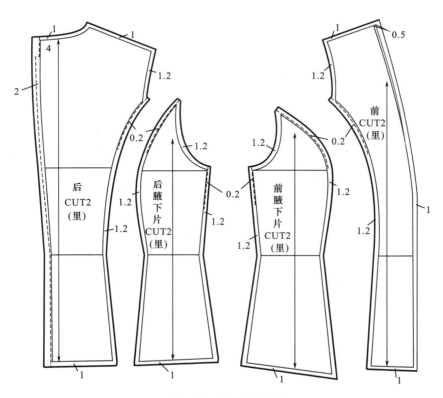

图 3-10　衣身里料样板

2. 袖子里料样板（图 3-11）

（1）先把大袖、小袖袖外缝、袖底缝上端放 0.3 ~ 0.5cm，然后再拼合在一起。

（2）大袖袖山放 1.5cm 缝份，小袖底缝放 3cm 缝份，画顺，把连结处的高度记下来，用△和▲表示。

（3）大袖两边放 1.2cm 缝份，袖山放 1.5cm 缝份，袖口不放。小袖两侧放 1.2cm 缝份，袖底缝放 3cm 缝份。

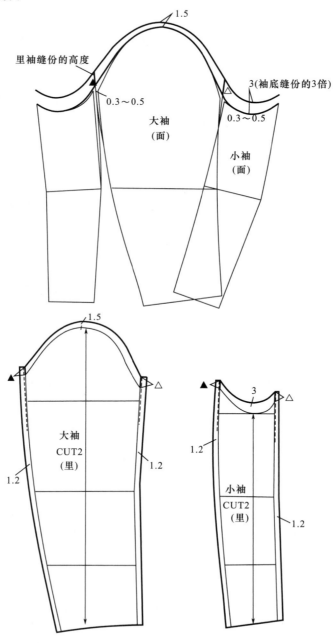

图 3-11 袖子里料样板

（三）衬料样板与粘衬部位（图3-12）

黏合衬比面料样板缩进0.3cm。

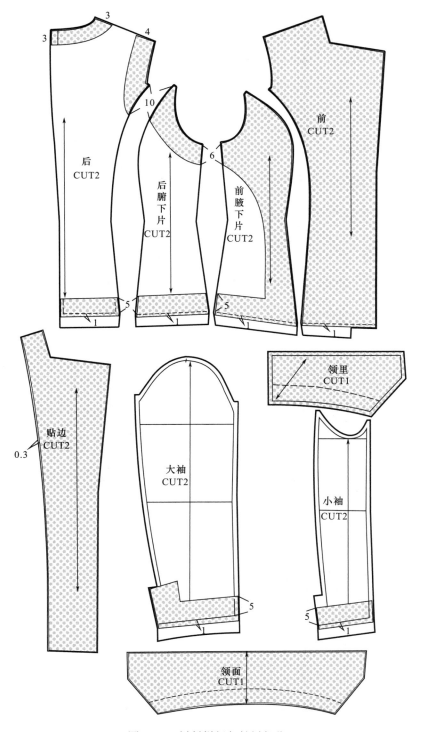

图3-12 衬料样板与粘衬部位

六、排板与裁剪

1．面料排板与裁剪（图 3-13）

排板时要考虑到面料的材质，有倒顺毛的面料要排成同一方向，无倒顺毛的面料可以颠倒，但尽可能同向排板比较好。若是条格面料，需要对条格，面料就要多准备 10% 左右。把面料布幅双折后排板，排好后，用划粉画好裁剪线再裁。

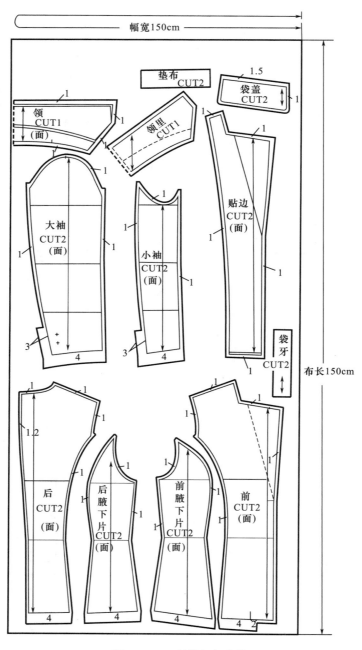

图 3-13　面料排板与裁剪

2. 里料排板与裁剪

把里料布幅双折后排板，里料无倒顺毛，排板时样板可以颠倒（图 3-14）。

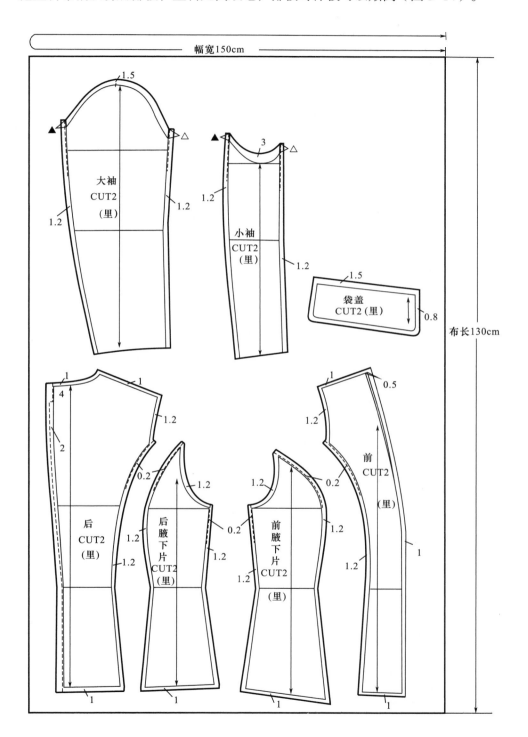

图 3-14 里料排板与裁剪

3. 衬料排板与裁剪

把衬料布幅双折后排板，衬料无倒顺，排板时样板可以颠倒（图 3–15）。

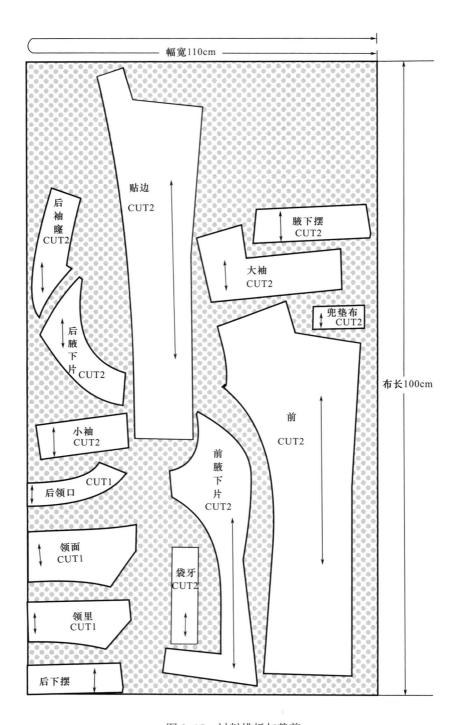

图 3–15　衬料排板与裁剪

第三节　变化型刀背线女西服

一、设计说明

变化型刀背线女西服是在刀背线女西服的基础上变化得来，是由纵向分割线——刀背结构线将身片分割为前中片、前侧片、后中片、后侧片等若干衣身结构；领子为大 V 型平驳头西服领；袖子为两片合体袖的翘肩效果（在一片合体袖的基础上进行分割），袖山在肩端处有飞边装饰；门襟处为单排一粒扣，扣系方式有两种（一种是在驳头翻折处装一粒暗扣，另一种是对襟，无需系扣）；前摆为斜摆，前身设计有三个口袋；衣长大约在臀围线以下。此款女西服设计较为简单，是在西装外套中加入了时尚元素，搭配随意，尽显知性优雅（图 3-16）。

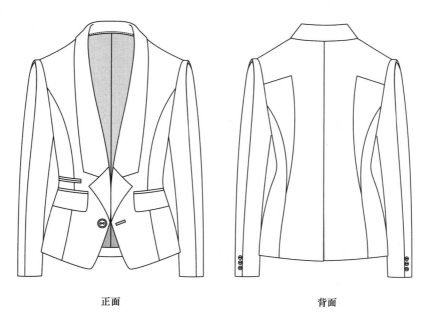

正面　　　　　　　　　　　　　背面

图 3-16　变化型刀背线女西服款式图

二、材料使用说明

面料：144cm 或 150cm 幅宽，用量（衣长 +10cm）×2 或衣长 + 袖长 +10cm（需要对花对格时适量追加）。

里料：90cm 幅宽，用量衣长 ×3。

144cm 或 150cm 幅宽，用量衣长 + 袖长。

辅料：（1）厚黏合衬：幅宽：90cm 或 112cm，用于前衣片、领底。

（2）薄黏合衬：幅宽：90cm 或 120cm（零部件用）。用于侧片、贴边、领面、下摆、袖口以及领底和驳头的加强（衬）部位。

（3）粘牵条：1.2cm 宽直丝牵条、斜丝牵条若干。

（4）垫肩：厚度 1 ～ 1.5cm。

三、规格尺寸

成品规格尺寸按照净体尺寸加放余量，净胸围加 16 ～ 18cm 的余量，即成品尺寸（表 3-2）。

表 3-2 变化型刀背线女西服规格尺寸表 单位：cm

规格尺寸 部位	后衣长	胸围（*B*）	腰围（*W*）	臀围（*H*）	肩宽（*S*）	袖长	袖口
型号 160/84A	65	98	82	100	40	55	11

四、结构制图

在制图中使用成品尺寸计算。

（一）衣身、领子结构制图

1. 绘制基础线

（1）先确定衣身的长度和宽度：由后中心线垂直交叉画出腰围线，放置后身原型，由原型的后颈点出发，在后中心线上向下取衣长（65cm），画水平线，即底边辅助线；由于本款设计前衣长较长，故要在后衣长的基础上，向下延长 4cm 作为前衣长的底边辅助线。

宽度：首先将原型的前、后片胸围线分别向侧缝方向延长 1cm，即前、后侧缝辅助线；然后在后中心线的基础上向外量取 0.5cm 的松量，确定新的后中心线；同样，在前中心线的基础上向外量取 0.5cm，作为面料的厚度量，再向外量取 1cm 的松量，确定新的前中心线（图 3-17）。

（2）胸围线的位置（BL）：将原型后胸围线延长。

（3）腰围线的位置（WL）：将原型后腰线延长。

（4）臀围线的位置（HL）：从腰围线向下取腰长 18cm，画水平线，即为臀围线。三围线是平行状态。

2. 衣身结构制图

（1）后横开领宽：从原型的后侧颈点沿原型的肩线开宽 0.5cm，将后颈点和此点连接圆顺。

（2）后肩宽：由后颈点向肩端方向取水平肩宽的一半（40÷2=20cm）。

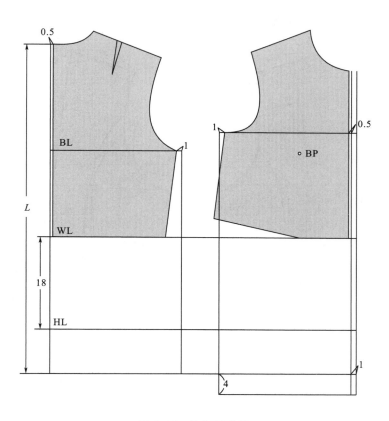

图 3-17　绘制基础线

（3）后肩省量的转移：在后片原型袖窿上选择一点，与肩省点相连使连成的线段符合款式设计要求；然后将肩省转移至后片袖窿上；重新修顺肩线。

（4）后肩斜线：垫肩厚 1cm，将后肩端点提高 1cm 作为垫肩量，然后由后侧颈点连线画出后肩斜线，并将后肩斜线延长 0.7cm，作为后肩胛凸点吃量，该量在制作中做归拢处理。

（5）后袖窿线：由新肩端点至腋下胸围点（由侧缝辅助线向下开深 1cm）画新袖窿曲线。

（6）后袖窿对位点：要注意袖窿对位点的标注，不能遗漏。将皮尺竖起，测量后对位点至后腋下点的距离，并做好记录（图 3-18）。

（7）前横开领宽：从原型的前侧颈点沿原型的肩线开宽 0.5cm。

（8）前肩斜线：将原型的肩端点向上提高 0.7cm 作为垫肩量，然后由前侧颈点连线画出前肩斜线，长度取后肩斜线长度，不含 0.7cm 吃量。

（9）前袖窿线：由新肩端点至腋下胸围点（由侧缝辅助线向下开深 2cm）画新袖窿曲线。

（10）前袖窿对位点：要注意袖窿对位点的标注，不能遗漏，将皮尺竖起，测量前对位点至前腋下点的距离，并做好记录。

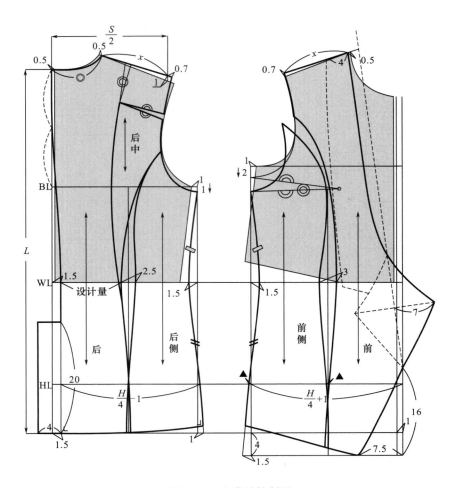

图 3-18　衣身结构制图

（11）后中线：按胸腰差的比例分配方法，在腰线和下摆处分别收进 1.5cm，再与后颈点至胸围线的中点处连线并用弧线画顺，该线要考虑人体背部曲线或形态，在背部为外弧状态，在腰节处为内弧状态，由腰节点至底边线垂直。

（12）后臀围线：在臀围线上从新的后中心线向侧缝方向量取臀围的必要尺寸 $\frac{H}{4}-1\text{cm}$。

（13）后侧缝线：按胸腰差的比例分配方法，由后片腰线和侧缝辅助线的交点收腰省 1.5cm，后侧缝线的状态要根据人体曲线设置，后侧缝线由两部分组成。

①腰线以上部分：腋下点至腰节点的长度，画好并测量该长度。

②腰线以下部分：由腰节点经臀围点连至底边线的长度，并测量腰节点至底边的长度。

（14）底边线：为保证成衣底边圆顺，要把底边线与侧缝线的夹角订正成直角状态，起翘量根据下摆展放量的大小而定，下摆放量越大起翘量越大。

（15）后刀背线：按胸腰差的比例分配方法，由后腰节点在腰线上取设计量

8 ～ 10cm，取省大 2.5cm，由后刀背线省的中点作垂线画出后腰省，再在后腰省的基础上画顺后刀背线。绘制后刀背线时需要注意两个方面的问题：

①后刀背线在腰线位置的确定。由后腰节点在腰线上所取的分割线位置是设计量的值，因此在绘制该线时需要充分考虑款式设计的需要。通常情况下分割线会经过背宽的中点。

②后刀背线在袖窿位置的确定。由腰省点向上画袖窿刀背线。刀背线在袖窿上的位置，除了需要考虑设计要求外，还应该考虑弧度在工艺制作上的要求——曲度尽量不要过大，否则容易造成成品的不平服。

（16）后中片的设计：由后肩省尖点与靠近后中心方向刀背线在腰围的位置渐渐重叠，画出符合设计效果的结构即可。

（17）前臀围线：在臀围线上从新的前中心线向侧缝方向量取臀围的必要尺寸 $\dfrac{H}{4}$+1cm。

（18）前侧缝线：按胸腰差的比例分配方法，由前片腰线和侧缝辅助线的交点收腰省 1.5cm，前侧缝线的状态要根据人体曲线设置。前侧缝线由两部分组成：腰线以上部分和腰线以下部分，保证前、后侧缝长度一致。

（19）底边线：为保证成衣底边圆顺，要将底边线与侧缝线的夹角订正成直角状态，起翘量根据下摆展放量的大小而定，下摆放量越大起翘量越大。

（20）前刀背线：由 BP 点作垂线至底边线，该线为省的中线，在腰线上通过省的中心线取省大 3cm，分割线在袖窿的位置可以根据款式需求确定，由腰省点开始画出前刀背线，最后要把腋下胸凸量转移至前袖窿刀背线中，刀背线在袖窿上的位置，除了需要考虑设计因素外，还要考虑弧度在工艺制作中的需求，弧度尽量不要过大。

（21）贴边线：在肩线上由侧颈点向肩点方向取 3 ～ 4cm，在腰围处贴边宽度 7 ～ 9cm，在下摆线上由前斜下摆线向侧缝方向取 4cm，三点连接圆顺。

3. 局部、领子结构制图

在前身领口上绘制领子的结构图。

衣身制图完毕后，要仔细核对尺寸，背宽、肩宽、腰部、臀部等都要符合实际穿着的尺寸及人体的特征（图 3-19）。

（二）袖子结构制图

袖子造型是本款女西服的设计重点之一，是在一片原型袖的基础上变化得来（将一片袖分割为两片合体袖）；袖型线条优美，向前的方向性较明显，袖山在肩端处有飞边效果。

1. 袖子基础线制图（图 3-20）

（1）袖山高：利用前、后袖窿的弧线长度（AH）计算。一般套装袖制图，袖

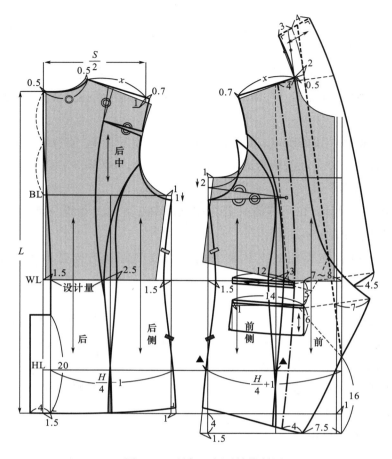

图 3-19　局部、领子结构制图

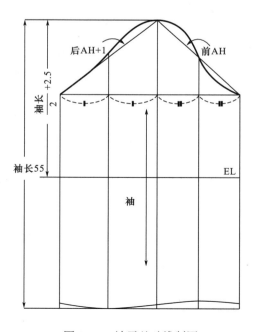

图 3-20　袖子基础线制图

山高都是按 $\dfrac{AH}{3}$ 或 $\dfrac{AH}{3}$+0.5cm 确定。而西服袖的袖山高要适当大于一般套装袖,按

$\dfrac{AH}{3}$+(0.7 ~ 1)cm 确定,这样做出的西服袖会较一般套装袖的造型更漂亮。

（2）袖肥：袖山高控制的其实是袖肥大小,不同肥瘦的服装需要匹配不同肥瘦的袖型。

（3）袖长：55cm。

（4）袖口大：22cm。

（5）确定袖中片（图 3–21）。

①在袖肥线上,由前袖肥的中点向袖中线方向取 3cm,然后向上量取 5cm 记 A 点;过 A 点向下作袖口辅助线的垂线,即袖中片内袖缝辅助线。

②由袖中片内袖缝辅助线与袖肘的交点向后袖肥的方向量取 1cm 记一点,再由袖中片内袖缝辅助线与袖口线的交点向前袖方向量取 0.5cm 记一点,用弧线过 A 点与上述两点画顺,袖肘向里凹是为了塑造袖子的弯曲造型。

③在肥线上,由后袖肥的中点向袖中线方向取 4cm,然后向上量取 7cm 记 B 点;过 B 点向下作袖口辅助线的垂线,即袖中片外袖缝辅助线。

④由袖中片外袖缝辅助线与袖肘的交点向后袖肥的方向量取 1cm 记一点,再由袖中

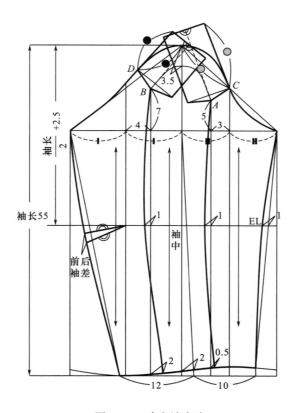

图 3–21　确定袖中片

片外袖缝辅助线与袖口线的交点向前袖方向量取 2cm 记一点，用弧线过 *B* 点与上述两点画顺。

⑤由袖山顶点（*O* 点）沿袖中线向下量取 3.5cm 作为飞边量；再由 *A* 点连接 *O* 点、*B* 点，即形成袖山飞边量的大小。过 *A* 点向前袖山弧线上作一斜线，相交于 *C* 点；过 *B* 点向后袖山弧线上作一斜线，相交于 *D* 点；连接 *C* 点、*O* 点和 *D* 点，确定袖中片。

（6）前袖片（图 3-22）：过 *C* 点作前袖山弧线的切线，向上延长，长度取 *C* 点至 *O* 点的同等距离，并在端点处（*E* 点）作垂线；再过 *A* 点作 *CE* 线的平行线与垂线相交，此线段即为袖山飞边量的对称轴，将 *A* 点、*C* 点、*E* 点与垂线的交点形成的区域对称复制过去，即形成了前袖山飞边量；最后再与前袖山弧线连接、与袖中片内袖缝连接，完成前袖片的绘制。

（7）后袖片（图 3-22）：绘制方法同前袖片。

2. 袖子轮廓线制图（图 3-22）

袖子制图完毕后，要仔细核对袖山弧线长度与袖窿弧线（AH）长度的尺寸。

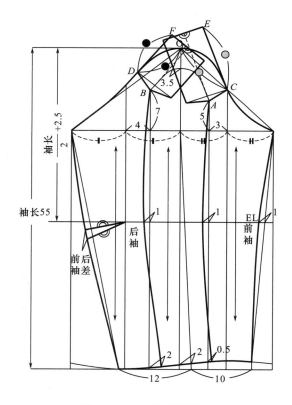

图 3-22　袖子轮廓线制图

（三）袖子制图订正

袖子制图订正如图 3-23 所示。

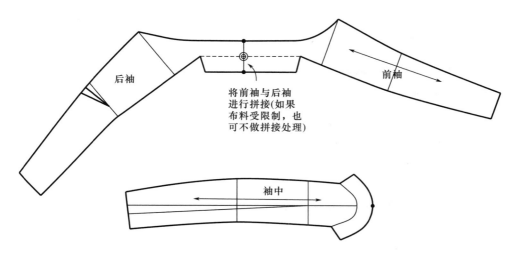

图 3-23　前、后袖片拼合部位的订正方法

第四节　戗驳头女西服

一、设计说明

　　这是一款单排一粒扣戗驳头长款西服，造型结构紧凑适体，款型简约大方，腰部斜断设计完美呈现女性特有的 S 曲线（图 3-24）。使用不同的材质、色彩、花样，所得到的效果也不同，因此，要根据穿着目的和季节等各种因素选择面料。

正面　　　　　　　　　　背面

图 3-24　戗驳头女西服款式图

二、材料使用说明

面料：140cm 幅宽，用量 150cm。

里料：140cm 幅宽，用量 140cm。

黏合衬：90cm 幅宽，用量 80cm。

肩垫是使用现成品。

三、规格尺寸

成品规格尺寸按照净体尺寸加放余量，净胸围加 8 ~ 10cm 的余量，即成品尺寸（表 3-3）。

表 3-3　戗驳头女西服规格尺寸表　　　　　　　　　单位：cm

部位　　　　　　　　规格尺寸	后衣长	胸围（B）	腰围（W）	臀围（H）	肩宽（S）	袖长	袖口	背长
型号 165/84A	74	92	74	96	38	60	12	38

四、结构制图

应用文化式原型进行制图，在制图中使用成品尺寸计算。

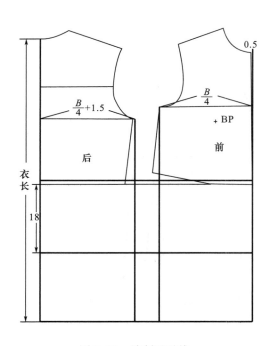

图 3-25　绘制基础线

（一）衣身、领子结构制图

1. **绘制基础线**（图 3-25）

（1）将原型放置在同一水平线上，前片原型倾倒 0.5cm。

（2）确定衣长，后片原型胸围往外放 0.5cm。

（3）腰围线的位置（WL）：在原型腰围线的基础上抬高 1cm。

（4）臀围线的位置（HL）：从腰围线沿后中心线向下测量 18cm。

2. **衣身结构制图**（图 3-26）

（1）后领开宽 1cm，后肩宽从后领中心向肩线上测量 $\frac{S}{2}$。

（2）前领开宽 1cm，前领口斜线：从上

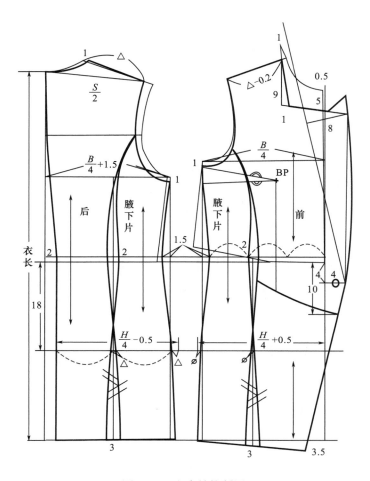

图 3-26　衣身结构制图

平线沿前中心线向下测量 9cm，与前颈点下 5cm 点相连接。取前肩宽 = 后肩宽 −0.2cm。

（3）前中腰围线向下 4cm，确定扣位，搭门宽 4cm。

（4）后背缝腰部向里收 2cm，前后身片如图作刀背缝。

（5）前片腰线向下 10cm 处斜向分割。

3. 局部、领子结构制图

在前身领口上绘制领子的结构图（图 3-27）。

4. 前片展开与拼合

拼合前后差，省道展开如图 3-28 所示。

衣身制图完毕后，要仔细核对尺寸，背宽、肩宽、胸宽、腰部、臀部等都要符合实际穿着的尺寸及人体的特征。

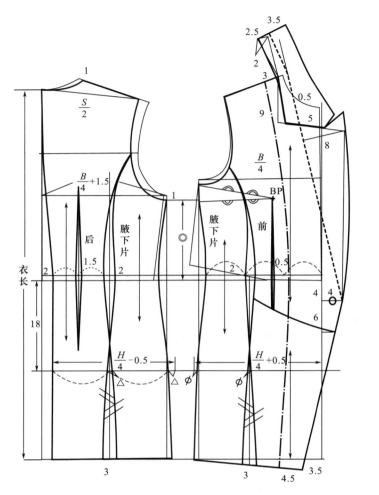

图 3-27 局部、领子结构制图　　　　图 3-28 前片展开与拼合

（二）袖子结构制图

西服袖分大、小两片袖，袖山较高，袖型线条优美，前倾明显。

1. 袖子基础线制图（图 3-29）

（1）袖山高：取平均袖窿深的 $\dfrac{5}{6}$。

（2）袖肥：量取前后袖窿弧线长确定袖山斜线，从而确定袖肥。

（3）袖长：取成品袖长尺寸。

2. 袖子轮廓线制图

袖子制图完毕后，要仔细核对袖山弧线长度与袖窿弧线（AH）长度的尺寸（图 3-30）。

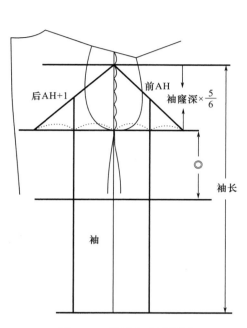

图 3-29 袖子基础线制图

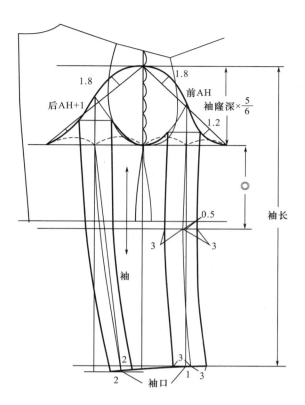

图 3-30 袖子轮廓线制图

第五节 公主线双排扣女西服

一、设计说明

　　该款式为双排单扣、无领女西服，其造型结构是由纵向分割的公主线把前、后身片各分成两部分，前门下摆为大斜摆，款型简约大方（图 3-31）。袖子可以根据不同的喜好有所选择，可以是一般西服袖，也可做成平肩袖，

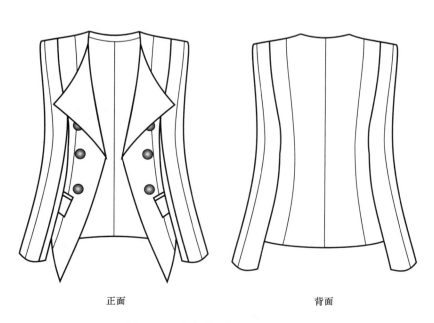

正面　　　　　　　　　背面

图 3-31 公主线双排扣女西服款式图

这样略显时尚。材料的选择以毛呢为主或选择混纺呢料，所得到的效果也有所不同，因此，要根据穿着目的、季节等因素选择材料。

二、材料使用说明

面料：150cm 幅宽，用量 150cm。

里料：150cm 幅宽，用量 140cm。

黏合衬：90cm 幅宽，用量 80cm。

三、规格尺寸

成品规格尺寸按照净体尺寸加放余量，净胸围加 8 ~ 10cm 的余量，即成品尺寸（表 3-4）。

表 3-4　公主线双排扣女西服规格尺寸表

单位：cm

规格尺寸　　　　　部位	后衣长	胸围（B）	腰围（W）	臀围（H）	肩宽（S）	袖长	袖口
型号 165/82A	66	92	72	92	38	56	12.5

四、结构制图

应用文化式 9AR 原型进行制图，在制图中使用成品尺寸计算。

（一）衣身、领子结构制图

1. 后衣身结构制图（图 3-32）

（1）将原型放置在同一水平线上，确定后衣身的长度 66cm。

（2）胸围就是 9AR 原型的宽度，向下作垂线。

（3）腰围线的位置（WL）：在原型腰围线的基础上抬高 1cm。

（4）臀围线的位置（HL）：从腰围线沿后中心线向下测量 18cm。

（5）从后领口水平向外开宽 1.2cm 作为新的侧颈点，从后中心量 $\dfrac{肩宽}{2}+1cm$（肩省量）确定新肩点，连结肩线；参照原型的袖窿画顺袖窿弧线。如果绱一般的二片袖，肩线就画好了，但在这里是借肩袖，肩线在量好的基础上要去掉 3cm。

（6）腰围后中心、侧缝各收 1.5cm 腰省，量取所需的 $\dfrac{W}{4}-1cm$，剩余量在腰围中心收省。

（7）臀围所需的量由后中心线量出 $\dfrac{H}{4}-1cm$，不足量通过交叉省的两边解决。

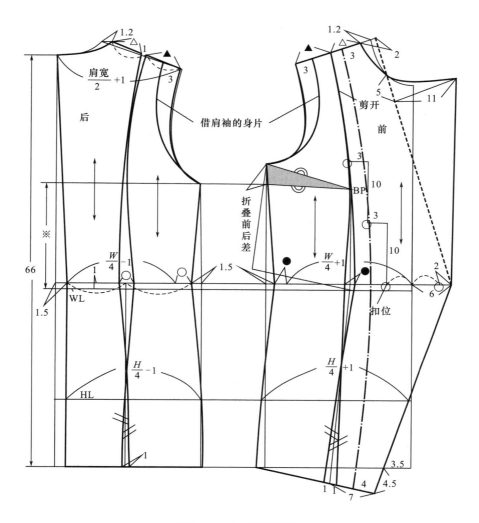

图 3-32　衣身结构制图

2. 前衣身结构制图（图 3-33）

（1）前领开宽 1.2cm，肩线与后肩等长。与后片一样，由于是借肩袖，肩线要在量好的基础上去掉 3cm。

（2）胸围为 9AR 原型的宽度，向下作垂线。

（3）前身搭门量为 6cm，过侧颈点 2cm 画翻驳线，自翻驳线与领口线的交点向下 5cm 画翻驳线的垂线，长度 11cm，作为驳头宽。

（4）领口弧线：从前颈点量至驳头顶点。

（5）前中心向前 4cm 为第一粒扣位，因为是双排扣，上面有两排装饰扣，所以第一粒扣位向上 10cm，再向外 3cm 为第二排扣位，第二粒扣位向上 10cm，再向外 3cm 为第三排扣位。

（6）腰围侧缝收腰 1.5cm，量取所需的 $\dfrac{W}{4}$+1cm，剩余量在 BP 点位置收腰省。

（7）臀围所需的量由后中心线量出$\frac{H}{4}$+1cm，不足量由侧缝向外放出，也可通过交叉省的两边解决。

3. 前片展开与拼合

折叠前后差，省道展开如图 3-33 所示。

衣身制图完毕后，要仔细核对尺寸，背宽、肩宽、胸宽、腰部、臀部等都要符合实际穿着的尺寸及人体的特征。

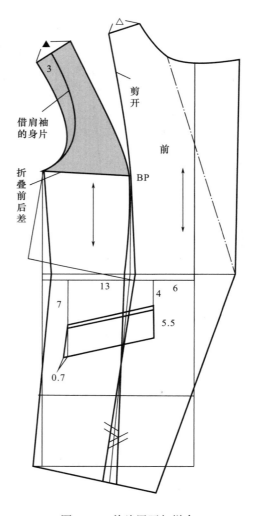

图 3-33　前片展开与拼合

（二）袖子结构制图

先采用一片袖制图方法绘制袖子，然后再分割成两片袖。

1. **袖子基础线制图**（图 3-34）

（1）袖长：取成品袖长尺寸。

（2）袖山高：取平均袖窿深的 $\frac{5}{6}$。

（3）袖肥：量取前后袖窿弧线长确定袖山斜线，从而确定袖肥。

（4）袖山弧线按着原型的袖山弧线画，先画成一片袖的袖型，为了使袖子向前倾，将袖中线向前偏 2.5cm。前袖口宽为 12cm，后袖口宽为 13cm。

（5）袖子为借肩袖时，因为在身片上先去掉了 3cm（图 3-33），所以在袖片上要加上 3cm 的量，从袖中点向前 7.5cm，向后 7cm，分别作垂线，长度前为 8cm，后为 7.5cm，宽度取 3cm，前面与前袖山弧线相连，后面与后袖山弧线相连。

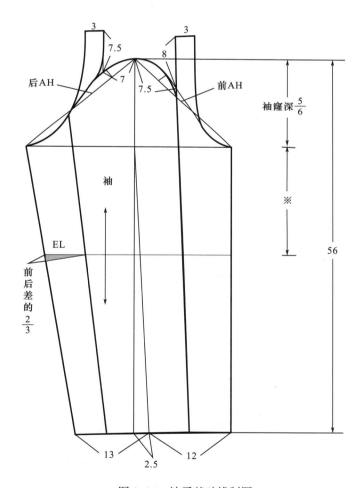

图 3-34　袖子基础线制图

2. **袖子轮廓线制图**（图 3-35）

（1）袖子在前袖山中间进行竖向分割，把一片袖分成了大小袖，再把后袖山中间到袖口外侧的虚线部分拼合到前面，构成了前面袖山垂直分割的袖子。拼合后要订正前袖底缝和袖口。

（2）袖子制图完毕后，要仔细核对袖山弧线长度与袖窿弧线（AH）长度的尺寸。

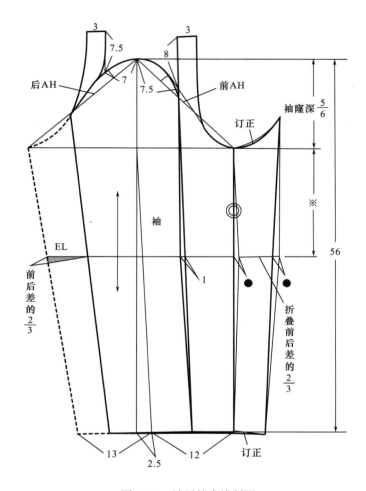

图3-35　袖子轮廓线制图

第六节　立领女西服

一、设计说明

此款女上衣为三开身结构，比较宽松，领子为连身立领，袖子为平肩袖，肩部略显宽大，前身为对襟式、无扣、圆摆，前身设计有双嵌线口袋。前胸的斜向分割线类似串口线，胸口的对称三角造型显露出胸部的挺拔，是这款衣服的亮点，因此也受到广大时尚女性的喜爱（图3-36）。

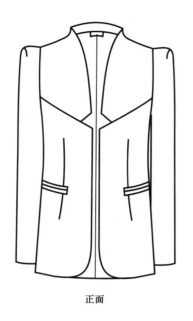
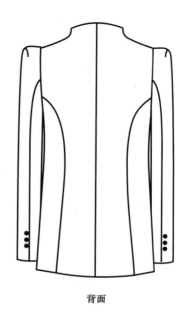

正面　　　　　　　　　　　　　　背面

图 3-36　立领女西服款式图

胸围加放的松量可根据个人喜好有所增减，材料选用毛、混纺、化纤均可。

二、材料使用说明

面料：150cm 幅宽，用量 170cm。

里料：150cm 幅宽，用量 150cm。

衬料：90cm 幅宽，用量 140cm。

三、规格尺寸

成品规格尺寸按照净体尺寸加放余量，净胸围加 12 ~ 14cm 的余量，即成品尺寸（表 3-5）。

表 3-5　立领女西服规格尺寸表

单位：cm

规格尺寸 ＼ 部位	后衣长	胸围（B）	腰围（W）	臀围（H）	肩宽（S）	袖长	袖口
型号 160/82A	68	94	74	94	38	55	13

四、结构制图

在制图中使用成品尺寸计算，运用 9AR 文化女子原型制图。

1. 衣身、领子结构制图

衣身采用了三开身西服的制图方法，绘制基础线如图 3-37 所示。

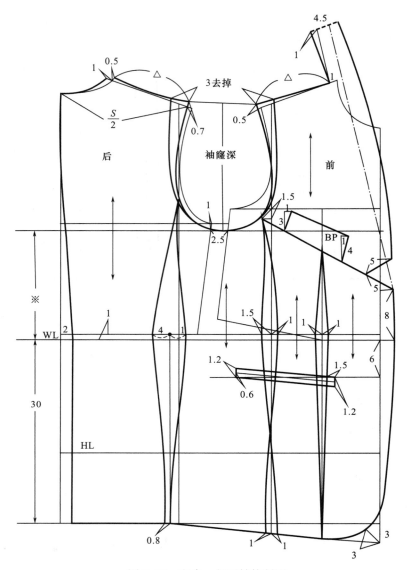

图 3-37 衣身、领子结构制图

（1）原型的放置：前后衣身原型中间拉开 2.5cm，作为胸围的余量，后身原型在 WL 线上抬高 1cm 是为了分散前胸的省量，如果胸部比较大，则原型不必抬高。

（2）确定衣长：后衣长在腰节线下 26 ~ 30cm 处，画出后中心辅助线、底边辅助线，得到整件服装的大概框架图。

（3）确定后领口宽度和深度，画后领口弧线。后领口开宽 1cm，领口比原型略高 0.5cm。

（4）确定前后肩宽及落肩尺寸，画前后小肩线。具体抬高量由肩线在后身原型的基础上抬高 0.5 ~ 0.7cm，穿着者的肩斜度及垫肩的厚度而定。大肩宽根据 $\dfrac{肩宽}{2}$ 尺寸决定。前小肩长度与后肩相等，前肩一般在后小肩的基础上减 0.7 ~ 1cm 吃量。这里因为是平肩袖，身片借袖片，所以肩的长度不是很大，吃量就不用了。

（5）确定袖窿深：袖窿在原型基础上向下开深 1cm，画袖窿弧线。

（6）后中心收腰 2cm，画后中心线。后身体型收省量要大，防止后身有多余的空隙量。确定前侧收腰，画侧缝线、腋下片完成线。

（7）前门止口：确定搭门量 2cm，取袖窿上与胸宽线间隔 1.5cm 的点，将它与前止口线上自腰围线向上 8cm 的点相连，这条分割线形似串口线，分割线要在胸省以上，斜度要符合款式的要求。从前止口线开始，在分割线上向里量 5cm，再量出等边三角形的另一边 5cm，从三角形顶点连结 4.5cm 的后领宽，画领外口弧线。为了让领子不紧贴脖子，可以将领子倾倒 1cm。

（8）确定前身片的腰省位置、大小、长度，画前腰省。

（9）确定袋位。

（10）最后确认三围（B、W、H）、三宽（肩宽、胸宽、背宽）及袖窿尺寸。

2. **袖子结构制图**（图 3-38）

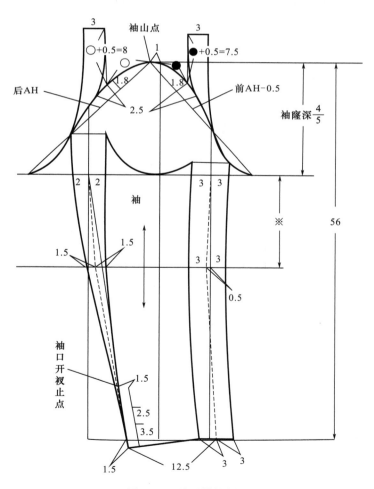

图 3-38　袖子结构制图

（1）按袖窿深的 $\frac{4}{5}$，确定袖山高。

（2）前袖山斜线：前 AH−0.5cm；后袖山斜线：后 AH 的长，由于是平肩袖，袖子不需要吃量。在袖山弧线上加上借肩量 3cm，与袖山弧线连顺。

（3）确定袖长、袖口大小、袖子方向，画袖形线。确定大小袖的互借尺寸，画大小袖。确定袖口扣位。

第七节　连身领连身袖女上衣

一、设计说明

此款女上衣由纵向分割线——刀背线将身片分割为前中、前侧、后中、后侧八片；领子为与身片连裁的高领造型，前面为水滴领；袖子为与身片连裁的合体型连身袖；门襟为单排四粒扣（第一粒为盘扣），前摆为直摆；衣长大约在臀围线附近（图 3-39），这款连身领连身袖女上衣多用于成年女性。此款服装领子、袖子为连身状态，故应选用易于归拔的材料。

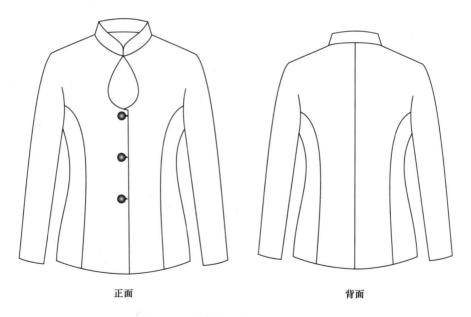

正面　　　　　　　　　　　　　　背面

图 3-39　连身领连身袖女上衣款式图

二、材料使用说明

面料：140cm 幅宽，用量 170cm。

里料：140cm 幅宽，用量 150cm。

黏合衬：90cm 幅宽，用量 150cm。

肩垫使用现成品。

三、规格尺寸

成品规格尺寸按照净体尺寸加放余量，净胸围加 8 ~ 10cm 的余量，即成品尺寸（表3-6）。

表3-6　连身领连身袖女上衣规格尺寸表　　　　　　　单位：cm

规格尺寸　　　　　　部位	后衣长	胸围（B）	腰围（W）	肩宽（S）	袖长	袖口	背长
型号 165/82A	52	92	74	38	55	13	38

四、结构制图

应用文化式原型进行制图，在制图中使用成品尺寸计算。

1. 后衣身、领子结构制图（图3-40）

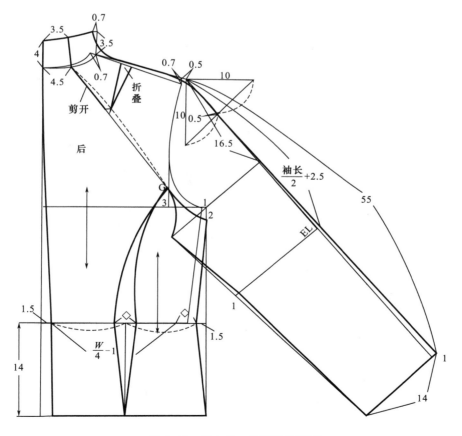

图3-40　后衣身、领子结构制图

（1）后衣长从腰围线向下量14cm，胸围从原型处放出1cm，向下作垂线，画出底边线。后身片整个框架完成。

（2）后中心线：从后领窝点连结到后中心收腰1.5cm处，再向下作垂线。

（3）后领：后领窝点向上4cm，侧颈点开宽0.7cm，分别向上作垂线，长度3.5cm，连领外口弧线。领口线一周的尺寸根据内衣厚度决定，不能小于颈围尺寸。

（4）肩袖线：肩端点抬高0.7cm，向外放出0.5cm，在此点做等腰直角三角形，边长10cm，过底边中点向里0.5cm，画袖中线；由于袖中线做成服装后容易向后偏，故这里袖口向外偏1cm，领外口向里偏0.7cm，等腰直角三角形底边中点向里偏0.5cm，订正袖中线。

（5）身片袖窿、刀背线：袖窿开深2cm，自胸围线沿背宽线向上3cm画袖窿弧线。侧缝收腰1.5cm，画侧缝线。量取腰围所需的量$\frac{W}{4}$−1cm，剩下的在刀背线处收腰省。

（6）袖底缝：袖山高取16.5cm，作袖中线的垂线，从G点画袖山弧线，长度与袖窿弧线相等。袖肘线取$\frac{袖长}{2}$+2.5cm，袖口宽14cm，画袖底缝线，在袖肘处向里1cm画顺。

2. 前衣身、领子结构制图（图3-41）

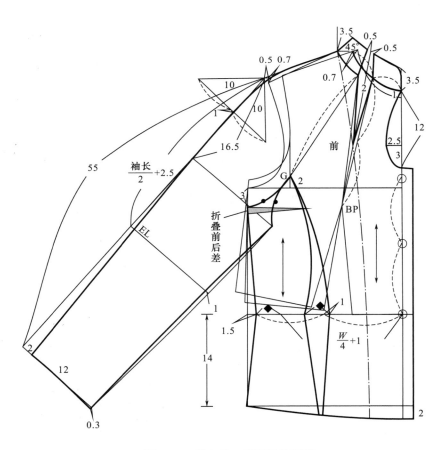

图3-41 前衣身、领子结构制图

（1）前身原型与后身原型放在同一腰围线上，领口开宽0.7cm，前中心抬高1cm，领口分成二等分，把腰省转移到领口省，转移量为2cm。

（2）前领：过侧颈点作垂直线与水平线，找到角平分线，长度取3.5cm即为领宽，前中心线向上量3.5cm为前领宽，画领外口弧线。省的中心延长到领外口，两边各取0.5cm，与省两边连结。

（3）肩袖线：肩端点抬高0.7cm，向外放出0.5cm，在此点做等腰直角三角形，边长10cm，过底边中点向里1cm，画袖中线；由于袖中线做成衣服后容易向后偏，故这里袖口向里偏2cm，等腰直角三角形的底边中点向里偏1cm，订正袖中线。

（4）身片袖窿、刀背线：袖窿开深3cm，过胸围线沿胸宽线向上2cm画袖窿弧线。侧缝收腰1.5cm，画侧缝线。量取腰围所需的量 $\dfrac{W}{4}+1\text{cm}$，剩下的在刀背线处收腰。

（5）袖底缝：袖山高取16.5cm，作袖中线的垂线，从G点画袖山弧线，长度与袖窿弧线相等。袖肘线的长取 $\dfrac{袖长}{2}+2.5\text{cm}$，袖口宽12cm，画袖底缝线，在袖肘处向里1cm画顺。

（6）前后差折叠转移到刀背线。

3. 衣身、领子结构制图要点总结

为了制作出领型较好且符合脖颈外形的高领造型，一般应使用易于归拔的上等面料，同时需要试穿补正。前后身片通过省道转移达到符合体型的状态，同时在转移张开处可补充领外口尺寸，还可设计出较夸张的连身领型。

根据服装的宽松程度确定从肩线到袖山线的角度，服装越合体倾斜角度越大，袖山越高，肩袖造型越美观，但袖底线会变短，这不利于手臂的运动。

为做出合体美观、利于手臂运动、同时满足人体厚度的肩袖造型，常在袖窿底部插入一个袖裆布。袖裆布根据衣服的合体程度及袖子与衣身结构的设计可以有很多种形状；还可以根据衣身与袖子的分割特点，和衣身或袖子构成一体，达到整体美。

袖裆布的纱向一般为正斜纱。

第八节　翻领打褶女西服

一、设计说明

此款女式西服由纵向分割线——公主线、刀背线将前身片分割为前中心、前中、前侧，后中心、后侧十片；领子为西服领、翻领打褶；袖子为两片西服袖；门襟为单排三粒扣；前摆为小圆摆；腰部后中心加以腰带，下摆打褶；前腰加两条细腰带，在后腰钉装饰扣，腰部设计是此款女西服设计的亮点，深受时尚女性的喜爱（图3-42）。

正面　　　　　　　　　　　　　　　　　　背面

图 3-42　翻领打褶女西服款式图

　　此款服装一般采用棉、麻、毛料以及化纤混纺等面料，使用不同的面料，呈现出的穿着效果与风格也不相同。

二、材料使用说明

　　面料：150cm 幅宽，用量 170cm。

　　里料：150cm 幅宽，用量 150cm。

　　衬料：90cm 幅宽，用量 150cm。

三、规格尺寸

　　成品规格尺寸按照净体尺寸加放余量，即成品尺寸（表 3-7）。

表 3-7　翻领打褶女西服规格尺寸表　　　　　　　　　　　　单位：cm

规格尺寸 ＼ 部位	后衣长	胸围（B）	腰围（W）	臀围（H）	肩宽（S）	袖长
型号 160/84A	60	92	72	94	38	55

四、结构制图

　　在制图中使用成品尺寸计算。运用 160/84A（9AR）新文化女子原型制图。

（一）省道转移（图3-43）

（1）后身原型肩省的 $\frac{1}{3}$ 作为肩宽的吃量，剩余的 $\frac{2}{3}$ 转移到袖窿，作为袖窿的余量。

（2）前身原型袖窿省的 $\frac{1}{4}$ 作为余量留在袖窿，剩余的 $\frac{3}{4}$ 先转移到领口0.5～0.7cm，剩下的再转移到肩部。

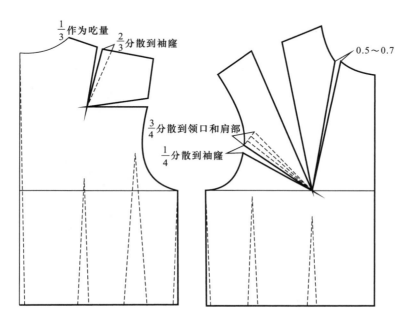

图3-43　省道转移

（二）衣身、领子结构制图（图3-44）

1.　绘制基础线

（1）放置原型：把新原型的前后两片放在同一条直线上即腰围线上。实际收腰位置也可以在腰围线上方1cm处，这样是为了身片造型的美观。

（2）确定胸围尺寸：原型加放的松量就是女西服的松量，为了制作比较收身的西服，不需再加放额外的松量，如需略宽松一点可以再加放1～2cm。

（3）从腰围线向下量18cm为臀围线。

2.　后衣身结构制图

（1）后领口、后肩线：过侧颈点画1cm长的水平线，水平线端点即为新的侧颈点；从后领窝点水平向外量 $\frac{S}{2}$ 以确定肩端点，连结侧颈点与肩端点画肩线。

（2）袖窿线：参照原型的袖窿将新袖窿弧线画顺。

（3）腰围宽：腰围后中心收省 1.5cm、侧缝收腰省 1.5cm，量取所需的 $\frac{W}{4}-1\text{cm}$，剩余的在腰围中心收省。

（4）臀围宽：臀围所需的量由后中心线量出 $\frac{H}{4}-1\text{cm}$，不足量由侧缝向外放出或通过交叉省的两边解决。

（5）腰部打褶：将后中片的腰线三等分、底边三等分连线，放出褶量 6cm。

（6）刀背线：与胸围线间隔 7.5cm 向上画一条平行线，平行线与袖窿的交点为刀背线的起始点，过起始点至腰再到底边将刀背线连接平顺。

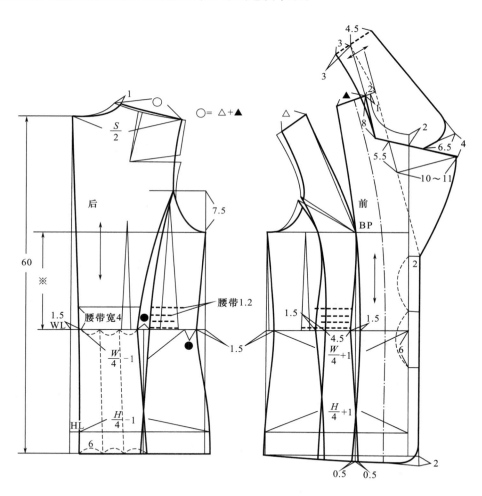

图 3-44　衣身、领子结构制图

3. 前衣身结构制图

（1）胸围为 9AR 原型的宽度，向下作垂线。

（2）腰围宽：侧缝收腰 1.5cm，量取所需的 $\frac{W}{4}+1\text{cm}$，剩余量在公主线、刀背线位置收腰省，公主线与刀背线相距 4.5cm。

（3）臀围宽：臀围所需的量由前中心线量出 $\frac{H}{4}$+1cm，不足量由侧缝向外放出或通过交叉省的两边解决。

（4）刀背线：从袖窿省的位置向下连至腰再到底边，造型要美观。

（5）最后确认三围、三宽及袖窿尺寸。

4. 领子结构制图（图 3-45）

（1）画出后领宽：过侧颈点作翻驳线的平行线，长度等于后领口弧线的长，倾倒 3cm，然后画出 7.5cm 的后领宽，后座领 3cm，翻领宽 4.5cm。

（2）画出前领宽：垂直翻驳线画出 10 ~ 11cm 的驳头宽，再从驳头顶点向里量 6.5cm 画出前领宽 6.5cm。前领宽顶点与驳点相距 4cm。

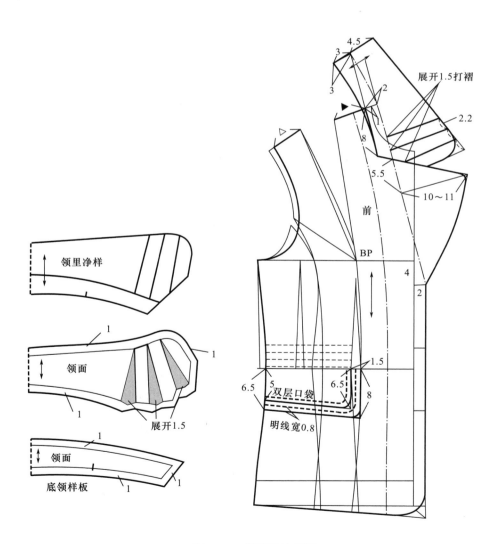

图 3-45　领子结构制图

（3）平行于前领宽画三条直线，线间距为2.2cm，从翻驳线处沿直线剪开到领外口弧线，然后展开1.5cm的褶量（图3-45）。

5. 袋位（图3-45）

袋位：口袋上沿位于腰围线上，距前中心线7cm，前袋盖宽8cm，长13cm，后袋盖宽6.5cm，此款服装为双层口袋，里层袋盖前宽6.5cm，后宽5cm，袋盖压线宽0.8cm，口袋底部为圆角。

（三）袖子结构制图

此袖为两片袖，袖子前倾明显，袖口的装饰纽扣可以钉二粒或三粒。

（1）袖山高的确定：按平均袖窿深的$\frac{5}{6}$计算（图3-46）。

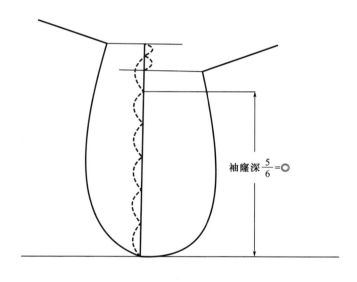

袖窿深$\frac{5}{6}$=◎

图3-46　袖山高的确定

（2）决定前后袖肥：只在后袖弧线中加1cm的原因是，手经常向前做动作，吃量就相应地要多出来。

（3）从袖山点开始取（$\frac{袖长}{2}$+2.5cm），确定肘线。也可以根据后身片袖窿深线到腰围线的距离"※"来确定。肘的位置略高，可以使人看起来舒服，袖子形状更加美观。

（4）确定袖口大小，大小袖互借量，画大小袖、画扣位。

（5）最后确认袖山吃量，根据面料厚度、缝制方法及袖子造型确定吃量大小（图3-47）。

袖山吃量 = 袖山弧线长 – 前后 AH 之和

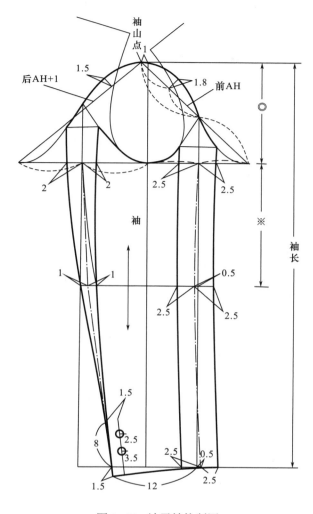

图 3-47　袖子结构制图

第九节　工作案例分析——公主线女西服

　　本章前面几节介绍了女西服基本型的基础知识和变化型女装的结构设计原理。为了将女西服结构设计的原理和方法应用到不同的款式中，本节我们选择了企业常规公主线女西服产品作为案例，通过分析从成品尺寸、纸样设计、面料选用到生产纸样的设计以及样板表和生产制造单的制订等产品开发的各个环节，使学生了解公主线女西服产品开发的过程和要求，以及与服装结构设计的相互关系，从而更好地应用所学知识，为企业进行女西服产品的开发服务。

　　公主线女西服的产品开发流程如下。

一、公主线女西服款式图

公主线女西服款式如图 3-48 所示。

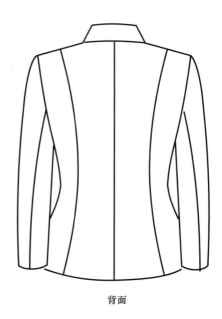

正面　　　　　　　　　　　　　　　　背面

图 3-48　公主线女西服款式图

二、综合分析

1. 结构设计分析

公主线将身片分割为前中心、前侧、后中心、后侧八片；领子为 V 字型青果领；袖子为两片西服袖；门襟为单排三粒扣；前摆为直摆；衣长较长。在女装的结构设计中，公主线结构能够非常准确地勾画出人体的凹凸曲面形态，是最能表现人体曲线美的结构线。由于公主线结构的使用，整体造型为合体型，是一款简洁而庄重的职业女性日常装。

2. 成品规格的确定

公主线女西服开发时，首先由设计师和板师根据造型和风格及产品市场定位，设定公主线女西服的板型风格，并以此为依据设计成品规格。通常由于成衣水洗、熨烫等因素，成品规格会小于纸样规格。因此在设计公主线女西服成品规格时，板师应考虑到面料的缩水率、熨烫缩率等诸多因素，并加入一定的容量。此量的初步确定是根据企业技术标准或板师的经验，结合实际面料的材质及性能得来，然后再根据该款公主线女西服的造型效果及设计师的要求进行试穿、调整，并对成品规格和容量进行微调，经过几次试穿、改样、修改后最终确定成品规格。表 3-8 提供了该款公主线女西服纸样各部位加入容量的参考值，实际操作时可根据面料性能适当调整。在设计成品规格时，因为不同的板师设计手法、习惯不尽相同，所以必须标明测量方法，否则会造不可估量的麻烦或损失。

表3-8　公主线女西服成品规格与纸样规格表
单位：cm

序号	号型部位	公差	成品规格 160/82A	容量	纸样规格	测量方法
1	后衣长	±1	66	0.5	66.5	后中测量
2	胸围	±1	92		94	胸高点丰满处测量
3	腰围	±1	74	1	74	沿腰节处水平测量
4	臀围	±1	94	1	95	沿臀围最突出处水平测量
5	肩宽	±0.5	38		38.5	过后中心点测量肩端点间距
6	袖长	±0.5	56		56.5	从肩端点经过肘点到袖口
7	袖口	±0.5	12		12	掌围加2～3cm

3. 面、辅料的使用

面料：150cm 幅宽，用量 160cm。

里料：150cm 幅宽，用量 140cm。

黏合衬：前身、里领、贴边、表领、后背、下摆、袖口、口袋90cm 幅宽，用量100cm。

牵条：少许。

三、结构制图

运应 9AR 文化式原型进行制图，在制图中使用成品尺寸计算。

1. 衣身结构制图（图3-49）

（1）后领开宽 1cm，前领开宽 1cm，前肩线长度与后肩线长度相等。

（2）后肩宽：从后领窝点向肩线上测量 $\frac{S}{2}$+1cm（肩省）。把后肩宽二等分，画后身公主线。

（3）袖窿开深 1cm，画袖窿弧线。

（4）胸围是 9AR 原型的宽度，直接向下作垂线。

（5）腰围后中心、侧缝各收腰省 1.5cm，量取所需的 $\frac{W}{4}$-1cm，剩余量在腰围中心收省。前侧缝收腰省 1.5cm，量取所需的 $\frac{W}{4}$+1cm，剩余量在 BP 点位置收腰省。

（6）后臀围所需的量由后中心线量出 $\frac{H}{4}$-1cm，不足量通过交叉省的两边解决。前臀围所需的量由前中心线量出 $\frac{H}{4}$+1cm，不足量由侧缝向外放出，也可以通过交叉省的两边

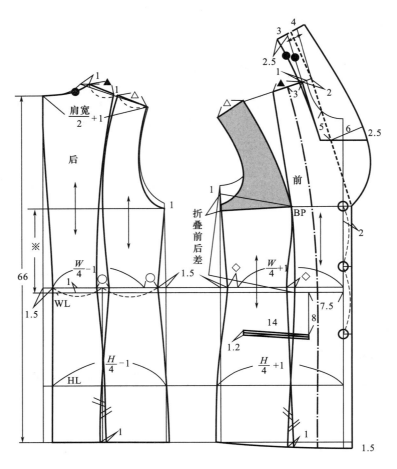

图 3-49　衣身、领子结构制图

解决。

　　（7）前后侧缝的差作为省量折叠，转移到公主线中。

　　2.　领子结构制图（图 3-49）

　　（1）第一扣位在 BP 线上，搭门量为 2cm，自扣位线与搭门的交点向侧颈点外 2cm
连直线，即为翻驳线。

　　（2）前领口线：从侧颈点平行于翻驳线与前颈点下 5cm 点画水平线，与之相交。

　　（3）后领宽：过侧颈点作翻驳线的平行线，长度等于后领口弧线的长 ●，倾倒
2.5cm，画后领宽 7cm（领座 3cm，翻领宽 4cm），再连结驳头顶点画领外口弧线。

　　（4）画领底口线：从领后中心连到串口线，压前肩 0.5 ～ 0.7cm。

　　3.　袖子结构制图

　　此袖为两片袖，袖子前倾明显，袖口的装饰纽扣可以钉二粒或三粒。

　　（1）袖山高的确定：按平均袖窿深的 $\frac{5}{6}$ 确定（图 3-50）。

　　（2）决定前后袖肥。只在后袖弧线中加 1cm 的原因是，手经常向前做动作，吃量就

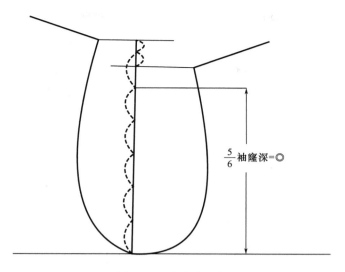

图 3-50 确定袖山高

相应地要多出来。

（3）从袖山点开始取（$\frac{袖长}{2}$ + 2.5cm），决定肘线。也可以按照后身片袖窿深线到腰围线的距离"※"确定。肘的位置略高，可以使人看起来舒服，而且袖子形状美观。

（4）确定袖口大小，大小袖互借量，画大小袖、画扣位。

（5）最后确认袖山吃量，根据布料厚度、缝制方法及袖子造型确定吃量大小（图 3-51）。

袖山吃量 = 袖山弧线长 – 前后 AH 之和

四、样衣生产纸样

1. 领子贴边的制作（图 3-52）

（1）青果领的领子与贴边是连裁的，因为贴边与前身肩部重叠，必须把前片肩下 5cm 内的贴边与后领贴边拼合。

（2）领子与贴边连裁，由于过

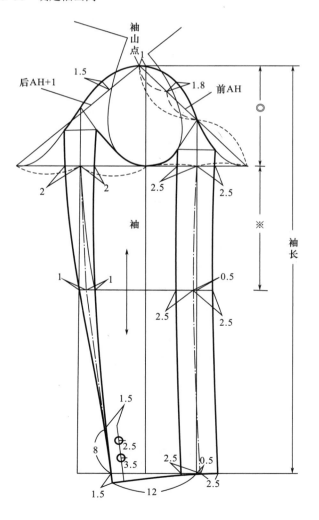

图 3-51 袖子结构制图

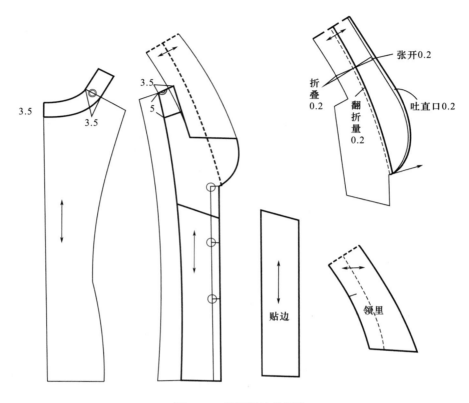

张开0.2

折叠0.2

翻折量0.2

吐直口0.2

贴边

领里

图 3-52 领子贴边的制作

长，可以在劈开扣位的地方进行拼接。

（3）从侧颈点将领子剪开，下口折叠 0.2cm，上口张开 0.2cm。领子在翻驳线的位置平行拉开，放出 0.2cm 的翻折量，领外口弧线吐直口 0.2cm。

2. 领子与贴边的样板

完成领子与贴边的样板，如图 3-53 所示。

3. 衣身面料样板

在这款公主线女西服中，因为样板分割、样板展开、合并腰省等因素，使得女西服的每一片样板都要先进行处理，之后才可以放缝。

首先核对各缝合部位的尺寸、合印点、线的连接等，有误差的地方要重新订正；然后复制出每一部件的净样；平行于净样加放缝份，缝合部位的缝份宽度要取相同的尺寸。根据设计、面料、缝制方法的不同，缝份也不相同。为了正确均匀地缝制，要按照缝制顺序加放缝份。缝头量的宽窄一方面要根据设计要求、面料结构特征及缝制工艺决定，另一方面要根据面料价格的高低决定。如面料价格较高可适当多留些缝头，作为体型发生变化时的调节量（图 3-54）。

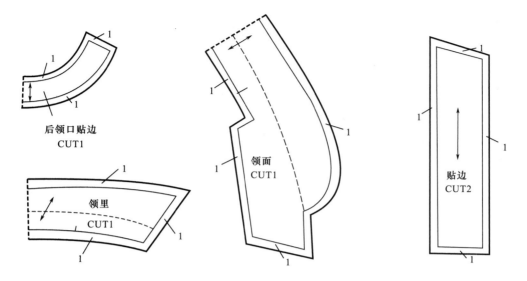

图 3-53　领子与贴边的样板

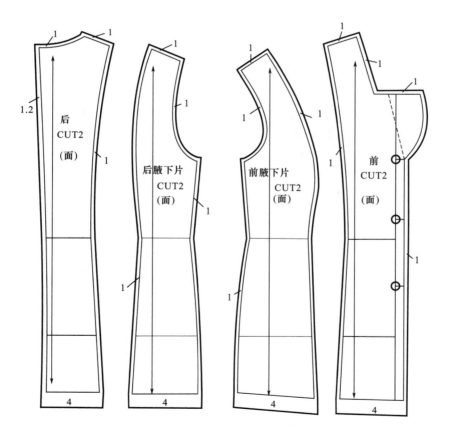

图 3-54　衣身面料样板

4. 袖子样板

公主线女西服袖子样板如图 3-55 所示。

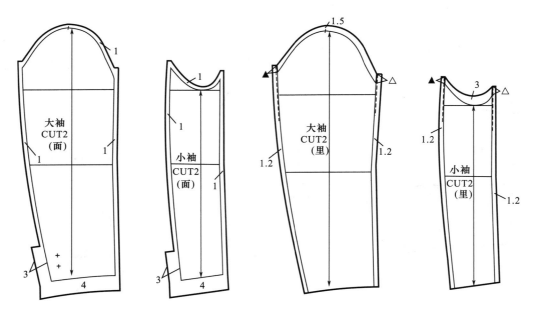

图 3-55 西服袖样板

5. 衣身里料样板

公主线女西服里料样板如图 3-56 所示。

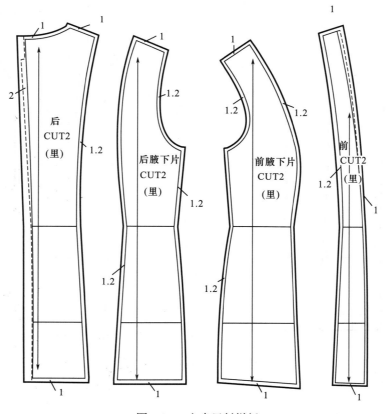

图 3-56 衣身里料样板

6. 衬料样板

公主线女西服衬料样板四周从净缝线往外放出 0.7cm，或者按面样板缩进 0.3cm，底边从净缝线向下放 1cm（图 3-57）。

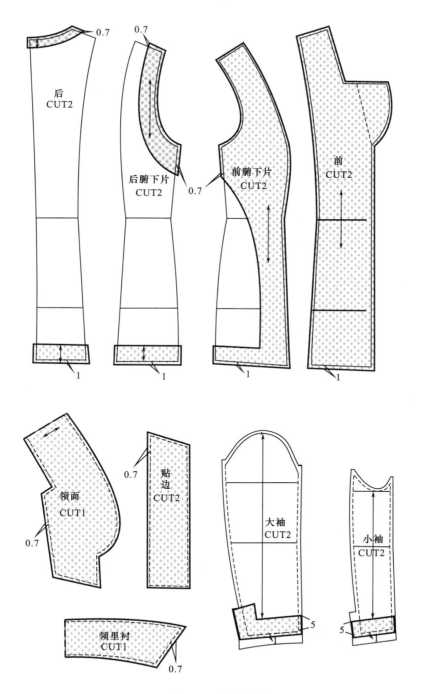

图 3-57　衬料样板

五、样板明细表（表3-9）

表3-9 公主线女西服样板明细表

面料样板			衬料样板		
序号	名称	数量	序号	名称	数量
1	前片	2	1	前片	2
2	后片	2	2	后片领口	2
3	前腋下片	2	3	后片下摆	2
4	后腋下片	2	4	后腋下片袖窿	2
5	大袖	2	5	后腋下片下摆	2
6	小袖	2	6	前腋下片	2
7	领面	1	7	大袖袖口	2
8	领里	1	8	小袖袖口	2
9	贴边	2	9	领面	1
10	后领口贴边	1	10	领里	1
11	袋牙	4	11	贴边	2
12	袋口垫布	2	12	袋牙	4
里料样板			辅料		
1	前片	2	1	垫肩	1付
2	后片	2	—	大扣	3粒
3	前腋下片	2	—	小扣	4粒
4	后腋下片	2	—	牵条	2m
5	大袖	2	—	—	—
6	小袖	2	—	—	—
7	袋牙	1	—	—	—

六、排板与裁剪

1. **面料排板与裁剪**（图3-58）

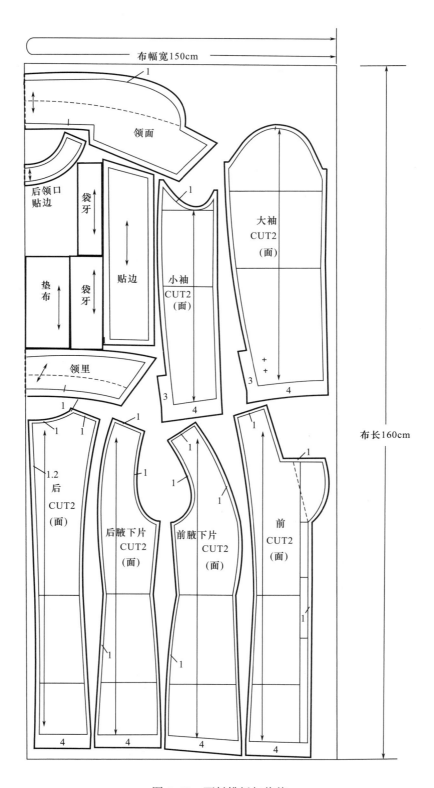

图 3-58　面料排板与裁剪

2. 里料排板与裁剪（图 3-59）

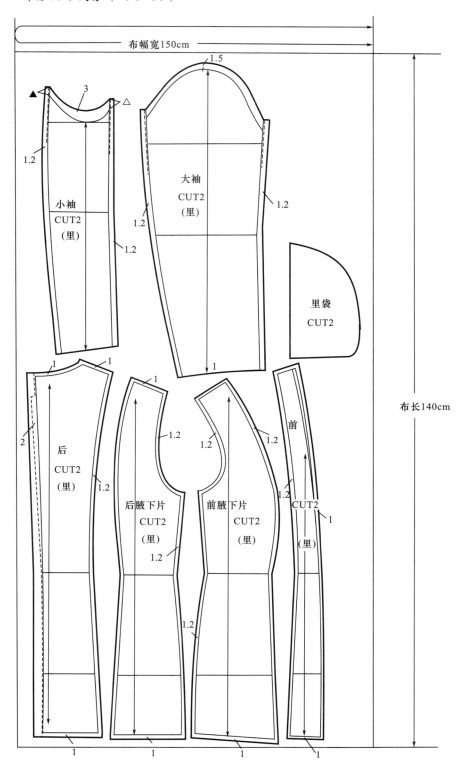

图 3-59　里料排板与裁剪

3. 衬料排板与裁剪（图 3-60）

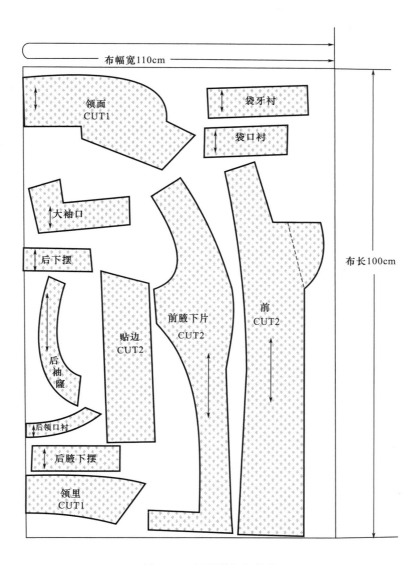

图 3-60　衬料排板与裁剪

七、生产制造单

在产品经过一系列过程开发完毕后，才开始制作大货生产的生产制造单，下发成衣供应商。公主线女西服生产制造单见表 3-10。

表 3-10 公主线女西服生产制造单

供应商							款名：公主线女西服
款号：20140508					面料：XX 批号素青色竹纤维机织面料		
备注：1．产前板 M 码每色一件。 　　2．洗水方法：普洗。 　　3．大货生产前务必将产前板、物料卡、排料图等交于我司，得到批复后方可开裁大货。							
规格尺寸表（单位：cm）							
序号	号型部位	公差	S 155/64A	M 160/82A	L 165/72A	XL 170/76A	测量方法
1	后中长	±1	64	66	68	70	后中测量
2	胸围	±1	88	92	96	100	沿胸高点丰满处测量
3	腰围	±1	70	74	78	82	腰节处水平测量
4	臀围	±1	90	94	98	102	臀围最突出处水平测量
5	肩宽	0.5	37	38	39	40	从一侧肩端点经过后领窝点量至另一侧肩端点
6	袖长	0.5	55	56	57	58	自肩端点经过肘点量至袖口
7	袖口	0.5	11.5	12	12.5	13	掌围加 2 ～ 3cm

讲练结合——

男西服

课程名称： 男西服

课程内容： 1. 男西服概述

2. 单排扣平驳头男西服结构制图与样板

3. 双排扣戗驳头男西服结构制图与样板

4. 后中开衩单排一粒扣男西服结构制图

5. 双侧开衩男西服结构制图与样板

6. 休闲时尚型男西服结构制图

7. 男西服对条格技术

8. 工作案例分析——收腰型男西服

上课时数： 64 课时

教学提示： 介绍男西服的变迁与发展；讲解男西服的分类、款式造型、局部款式设计及材料的选用；讲解单排扣平驳头男西服结构制图原理及样板制作方法，男西服的排板方法及要求；讲解双排扣戗驳头男西服结构制图原理及样板制作方法；讲解后中开衩单排一粒扣男西服结构制图原理及样板制作方法；讲解双侧开衩男西服结构制图原理及样板制作方法；讲解休闲时尚型男西服结构制图原理；讲解男西服对条、对格的方法及技术要领；按照企业的工作程序讲解收腰型男西服的制板过程及操作方法。

教学要求： 1. 使学生了解男西服的概念、分类，掌握男西服的款式造型、结构及男西服材料的选用；明确男西服制图所需测量的最基本部位，掌握男西服测体方法及要求。

2. 结合男西服款式图，使学生了解男西服组成部分与使用功能。

3. 结合款式实例讲解，使学生掌握绘制男西服结构制图方法及样板制作要领。

4. 使学生理解男西服结构制图原理及样板制作要求，融会贯通，学会举一反三。

5. 使用实际测量的人体尺寸进行男西服结构制图及样板制作练习。

课前准备： 选择国内外典型的男西服作为案例，调研本地区最新流行款式，以文字讲解结合图像介绍的方式，使学生从基本款式与设计方法等方面来认识男西服，了解男西服款式结构及造型的变化；课前准备男西服着装人台；男西服样衣；常用测量工具、制图工具及男西服常用面料；男西服教学课件；学生查找的男西服相关资料；学生准备上课使用的制图工具（1：4）比例尺、笔记本及学生实际操作使用的制图工具（1：1）样板尺、样板纸。

第四章　男西服

第一节　男西服概述

一、西服的发展

17世纪法国风时代以男装变化最为显著，男装三件套（图4-1）的典型特征为：长上衣，前门襟上有彩色刺绣装饰，袖口向外翻卷很大、有彩色刺绣并需用很多纽扣固定，长马甲的前门襟除装饰绣花外还有密密麻麻的一排纽扣，纽扣上的图案变化万千，贵族们尤其喜欢把各种宝石镶嵌在纽扣上，所以纽扣往往比衣服还要贵重。半截裤的裤长到膝盖下一点，裤口用三、四粒纽扣固定，下面与白色长筒袜相接，裤子做得十分紧身。脖口系一条亚麻布带，打一个漂亮的蝴蝶结领饰，由于衣襟是敞开的，所以领饰显得格外重要。

18世纪末爆发的法国大革命使男装摆脱了象征贵族身份的封建枷锁，男装不再沿袭已经失去支配力和魅力的法国贵族样式，抛弃了过去那种装饰过剩、刺绣繁复的衣装，把目光投向田园式的装束，向朴素、机能化的方向推进。如图4-2所示，上衣的驳头很宽，有挖袋和金属或骨制的纽扣，下身穿长裤。

图4-1　1670 ~ 1705年法国宫廷服装

图4-2　18世纪末法国大革命时期革命者的装束

　　19 世纪中叶，实证主义和现实主义思潮直接反映于男装，朴素而实用的英国式黑色套装在资产阶级实业家和一般市民中普及。男装的基本式样仍是三件套的组合，与过去不同的是出现了用同色同质面料来制作三件套装的形式。并确立了按用途穿衣的习惯，一直延续至今。到 19 世纪末，男子服装仍延续三件套组合的形式，新的变化是现代型的衬衣和领带登场了，即衬衣领呈有领座的翻领，袖口有硬挺的袖克夫，将过去缠在脖子上的亚麻带（围巾）变成窄型的类似于今天领带的形式，系扎方法也固定了下来。此外，还有各种毛织物的短大衣。

　　如图 4-3 所示为法国第二帝政时代（新洛可可时代）的男装，其基本样式仍是上衣、马甲和长裤的组合，所不同的是出现了用同色同质面料制作的形式，西服的雏形在欧洲出现，并确立了按用途穿衣的习惯，一直延续至今。

图 4-3　1850 ～ 1870 年新洛可可时代服装

　　19 世纪末到 20 世纪初，欧洲的西服已经被标准化，穿法也有了明确的规范，成为活跃于政坛和经济领域的男士们的"制服"（图 4-4、图 4-5）。西服的衣身合体，腰部收紧，两侧兜盖较大，前摆下角弧度大。瘦腿裤这时也变得稍宽些，裤口出现了外卷裤脚，据说卷起裤脚最初是英国人下雨天在泥泞的围场为防裤脚溅上泥水的作法。20 世纪初，一位英国贵族在纽约参加一个婚礼的路上，由于同样的原因，把裤脚卷起，但因迟到而忘记放下裤脚，遂被误认为一种新时尚而固定下来。

　　与正统的英国式西服相对，美国几所大学组成的足球联盟在观看体育比赛时穿的一种套装，则完全是不要垫肩，不收腰身的宽松肥大的直筒装，下身长裤也是上肥下瘦的"陀螺形"，整个造型很似现在的休闲西装和 "老板裤"。由此可以看出，年轻的大学生与讲究体面的绅士，追求自由的美国人与保守传统的英国人，西服的造型风格截然不同。现在市面上出售的西服，大体可分为正统西服和休闲西服，前者较为合体，十分讲究造型，

<table>
<tr><td>图 4-4　19 世纪末的典型服装</td><td>图 4-5　20 世纪初的典型服装</td></tr>
</table>

袖山较高，袖型较瘦；而后者则衣身宽松，袖型较肥。

　　如图 4-6 所示的西服最大特点是收腰位置提高，驳头较短，扣位较高，衣身较为合体，领子、驳头较宽。裤子略显肥大，裤脚外翻。

图 4-6　1930 ～ 1938 年的典型服装

　　1940 年前后，流行一种"夸肩式"西服，即用厚而宽的垫肩大胆强调男性那宽阔、结实、强壮的肩部，与此相应的，领子和驳头以及领带也都较宽，前摆下角的弧线较方硬，收腰身，裤子宽松肥大，上裆较长。

　　20 世纪 60 年代是服装史上一个十分重要的转折期，现在许多流行现象都起始于那个动荡的时期。在 60 年代初，西服在优雅的法、意样式和强调男性味的英国样式之间徘徊。1964 年的东京奥运会，使西服开始出现东方味，如东方式的条纹、比较含蓄的色彩和质地受到人们的青睐。1965 年，出现以新材料和新生产工艺来再现古典造型风格的"新古典式"。1966 年，西服又开始追求柔和、苗条、优雅的感觉，用料讲究柔软、具有悬垂感，外型细长，收腰身，外张的下摆有波浪。总之，男装的特征是休闲化、个性化，特别是西服面料的色彩也丰富起来，衬衫也改变了过去那种以白色为主的老面孔，出现了蓝、黄、粉、红等多种色彩，西服在用色用料上大胆地超越常规地吸收了女装的元素，给一个多世纪以来男装那深沉古板的面孔增加了活泼、明朗的色彩。

如图 4-7 所示，20 世纪 70 年代末，出现了倒梯形的男装西服，肩部很宽，胸部放松量较大，向下逐渐收细，领子和驳头变得很窄，与宽肩形成强烈的对比。与这种窄驳领相呼应，领带也流行细窄形的，衬衫领子也变成窄的小方领。

20 世纪 80 年代是一个复古的年代，随着世界经济的一度复苏，西方传统的构筑式服饰文化又一次受到重视。70 年代末的倒梯形西服，到 80 年代又回到传统的英国式造型上来，但与以往不同的是，人们在这个传统造型中追求舒适感，胸围放松度加大，驳头变长，纽扣位置降低。在搭配方式上，比起严谨的套装，单件上衣与异色裤子的自由组合更为普遍，人们在西服那稳重的传统造型中追求一种无拘无束的运动性的休闲气氛。与之相对，休闲味西服却在其宽松舒适中寻求传统的美的感觉，英国用粗纺花呢制作的传统的"田园装"（图 4-8），在这个复古的年代非常时髦。

图 4-7　倒梯形窄驳头西服

图 4-8　英式田园装

进入 90 年代以后，西服在造型上一直保持着正统和休闲两种倾向并存的格局，但以两粒扣、长驳头为主流。从 1994、1995 年起，三粒扣、四粒扣的短驳头西服逐渐增多，自然肩线的造型，随意舒适的休闲味西服也十分流行。

另外，男子服装长期以来比较注重标准化、程式化。在正式场合下，一般都是穿西装；休闲或工作时间也主要是一些基本型服装，如休闲西服、夹克衫、猎装、风衣、运动装等。男装的造型通常比较简洁潇洒、稳健庄重，款式变化远没有女装那么千姿百态、丰富多彩，其所讲究的主要是裁剪考究、做工精良、精益求精。

二、西服的分类、款式、材料

西服衣身一般分四开身和六开身两种结构。四开身结构的板型为后身片和前身片，两侧有侧缝；而六开身结构的板型是以胸宽点、背宽点为界，将衣身分成后身片、前身片和侧身片（腋下片）。其外观微小的差异会形成不同的款式形态。

1. 根据外观造型分类

男西服有三种基本形式，即 H 型、X 型、V 型（图 4-9）。

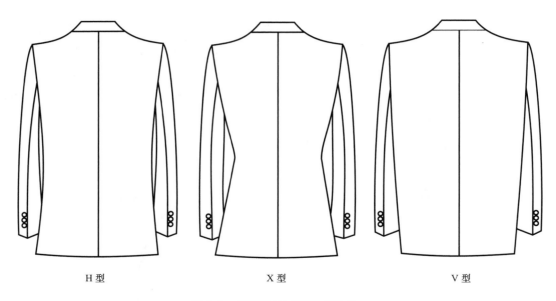

H 型　　　　　　　　　X 型　　　　　　　　　V 型

图 4-9　男西服的三种基本形式

H 型：是指直身型即箱型。

X 型：是指收腰身合体型。

V 型：是指强调肩宽、背宽，在臀部和衣摆处收小，以突出肩部的造型。西服上衣外型的关键部位是肩，肩部是否合适，不仅体现于着装感觉上是否舒服，而且直接影响西服造型的视觉美感。一般肩部的造型可分为以下三种：

（1）自然肩型：垫肩很薄，肩线很自然沿人体肩部曲线向下倾斜，肩头比较圆顺，没有"方"、"楞"的硬角感。这种肩部造型多用于衣身较宽松的休闲西服。

（2）平肩（也称翘肩）：垫肩很厚，肩线平直（肩头略显上翘），肩头棱角分明，强调"方"、"直"的男性感觉。这种肩部造型多用于紧身合体的传统式西服。

（3）宽肩：增加胸部的放松量，强调男性品位，用宽大的垫肩把肩部向横宽夸大，现在的西服中也时有流行。

2. 根据领型分类

服装的造型关键是把握流行，领子造型则是服装流行中的核心，由于领子的位置是整个服装的视觉中心，所以，它往往也是流行的感觉中心。

对于西服的领型与驳头而言，有领角大小、领口位置高低、驳头宽窄等变化，一般分为平驳头和戗驳头两种。平驳头是指驳头与领子的连接线平直，驳头与领角约呈90°，还有小于90°的方角及圆角领型，这是单排扣西服专用的驳头形式；半戗驳领和戗驳领型是指驳头与领子的连接线在离开领子后，驳头向上"戗"，驳头与领角之间没有缺口。这种戗驳头是双排扣西服的专用形式。领口位置除普通标准型的以外，还有高领口和低领口或是高驳头和低驳头，以及驳头宽与窄的变化。驳头是最受流行款式左右的部位，其左侧的小孔为插花眼或别徽章使用。除此之外，还有领与驳头相连成一体的即青果领型。

因此，西服领一般有平驳领、戗驳领、青果领等（图4-10），领面、领角的大小与形状的区别以及领面翻折止点的高低、面料的不同都会产生不同的样式。

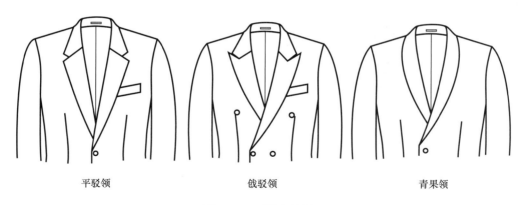

平驳领　　　　　　　　　戗驳领　　　　　　　　　青果领

图4-10　西服常见领型

3. 根据前门分类

西服的纽扣设计有单排一粒扣、二粒扣、三粒扣和四粒扣的形式，双排的有二粒扣、四粒扣和六粒扣的变化。前门襟结构除了有单排与双排扣之分，其下摆基本采用方角（直摆）、斜摆、小圆角和大圆角等形状（图4-11）。

4. 根据后开衩分类

后开衩是西服上衣的又一特征，它保留了过去骑马服的痕迹。一般开衩有单个开衩和两个开衩之分，其长度为22～23cm，也有25cm的（根据其衣长而定），也随造型的变化而改变，但不能超过腰围线。在套装中，随着后开衩功能的消失，无开衩的西服很流行，因此，开衩已成为男装流行中的形式因素。其基本形式有：后中开衩、明开衩、双侧开衩、无开衩四种（图4-12）。后背里子根据产品规格（或产品要求）的不同又分为全里子、

方角（直摆）　　　　　斜摆　　　　　圆摆

图 4-11　西服常见下摆形状

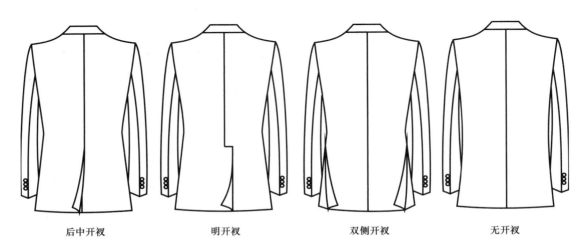

后中开衩　　　　明开衩　　　　双侧开衩　　　　无开衩

图 4-12　后开衩的四种形式

半里子、肩里子等。

　　5. **根据袋型分类**

　　口袋是西服的又一造型要素，袋型在流行中起烘托主体的作用，但袋型的结构设计又受材料性能的约束。一件西服上衣有许多大小不同、形状各异的口袋，一般外侧的袋属于装饰用，内侧的袋才是实用型的，这完全是为了保持西服笔挺的造型特色。口袋结构因其功能的不同分为手巾袋、腰袋和里袋。

　　（1）胸部手巾袋（俗称板儿兜）：是用来插装饰手绢的，不宜插装钢笔或其他物件（图 4-13）。

　　（2）西服腰袋：即前衣片两侧的大袋，一般做成双开线夹袋盖的挖袋，此口袋不能装过大或过重的东西，在右侧兜的袋布上还常常做个小贴袋。欧式西服有的在右侧大袋上面再重叠做一个带盖的挖袋，这也是一种装饰。正统套装多要求上衣袋为有袋盖双开线的挖袋，而较为活泼的或是休闲的则可选用明贴袋，及其他斜袋、贴袋、猎装袋、褶袋和立体袋等（图 4-14）。

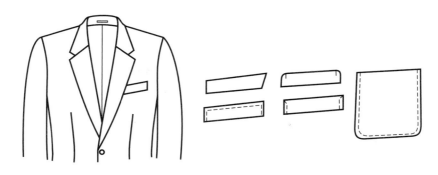

图 4-13　手巾袋

图 4-14　腰袋（大袋）

　　但是，男装的流行不同于女装，它往往不容易被人们发觉表现男人魅力的细节，即流行的主题。因此，要仔细的观察、分析和研究，才能把握整体的流行风格，更好地进行整体的组合搭配。

　　（3）里袋：西服上衣胸部的内侧有两个较大的里袋，可用来装钱包等贵重物品，在左侧胸里袋旁边常做有插笔用的小袋，左下侧还做有名片袋（或是手机袋）（图 4-15）。

　　6. 根据材料分类

　　西服的材料基本上都是机织类的纺织面料，如羊毛精纺面料、羊毛粗纺面料、羊毛混纺面料、化纤混纺面料、纯化纤仿毛面料等。除此之外，还有用针织面料做成的西服和用皮革材料做成的西服。

　　男式西服面料可以选择的颜色很少，经典的正装西服只有深灰色和藏青色，黑色西服是出席婚礼、葬礼和重要场合时穿着的。而现代的西服颜色稍微多了一些，又增添了条纹、条格类的面料，但是依然以深色调为主。不同颜色的面料带给人不同的视觉和心理感受。浅色：色泽亮丽清爽，给人赏心悦目之感。中性色：深浅适度，适应面广，可以适合不同年龄、不同季节穿着。深色：庄重、深沉、严肃、凝重，适应于深冬或春寒料峭的季节和庄重的场面穿着。蓝色：给人以幽深、宁静的感觉，穿着富贵、高雅。灰色：成熟而又典

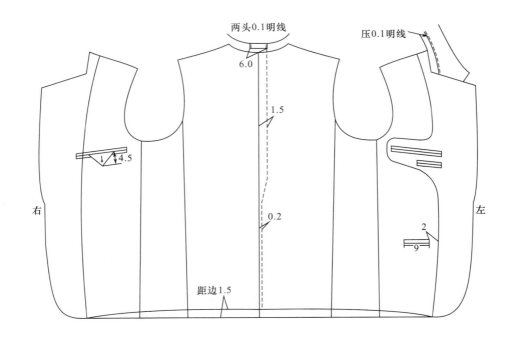

图 4-15　里袋

雅，稳重而不失大方，充分体现个人的成就感和优越感，展现男人的成熟魅力。

第二节　单排扣平驳头男西服结构制图与样板

一、设计说明

这是男西服上装的基本型，也是一款在日常生活中应用较广泛的男西服。该款式为单排两粒扣、平驳头，造型结构紧凑适体，突出男性阳刚之气（图 4-16、图 4-17）。因男装的结构变化范围小而且稳定，故在款式设计上基本相同，但根据其材料、色彩、花样的选择不同，所得到的效果也不同，因此，要根据穿着目的来选择面料。

二、材料使用说明

面料：150cm 幅宽，三件套时用量 330cm，两件套时用量 270cm。

里料：150cm 幅宽，三件套时用量 270cm，二件套时用量 150cm。

黏合衬：90cm 幅宽，三件套时用量 250cm，二件套时用量 200cm。

黑炭衬：90cm 幅宽，用量 50cm。

胸绒（针刺棉）：90cm 幅宽，用量 50cm。

领底呢、肩垫使用现成品。

图 4-16　男西装效果图

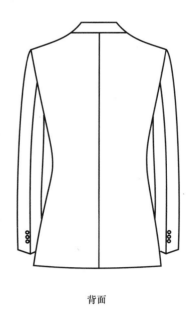

正面　　　　　　　　　　　　背面

图 4-17　男西服款式图

三、规格尺寸

成品规格尺寸按照净体尺寸加放余量，净胸围加 16 ~ 18cm 的余量，即成品尺寸（表 4-1）。

表 4-1　男西服规格尺寸表

单位：cm

规格尺寸 ＼ 部位	后衣长	胸围（B）	腰围（W）	臀围（H）	肩宽（S）	袖长	背长
型号 175/92A	76	108	78	93	46	61	44

四、结构制图

在制图中使用成品尺寸计算。

（一）衣身、领子结构制图

1. 绘制基础线（图 4-18）

（1）先确定衣身的长度和宽度：衣长 76cm，宽度 $\dfrac{B}{2}$ +5cm。根据长度和宽度画一长

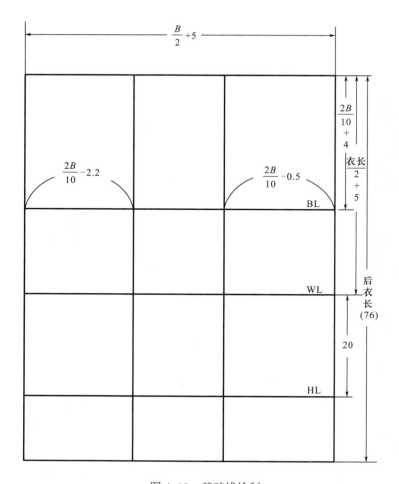

图 4-18 基础线绘制

方形。

（2）胸围线的位置（BL）：从上平线沿前中心线向下测量 $\frac{2B}{10}$+4cm。

（3）腰围线的位置（WL）：从上平线沿前中心线向下测量 $\frac{衣长}{2}$+5cm。

（4）臀围线的位置（HL）：从腰围线沿前中心线向下测量 20cm。

（5）前胸宽：在胸围线（BL）上，从前中心向右测量 $\frac{2B}{10}$-2.2cm，过测量点画垂直线。

（6）后背宽：在胸围线（BL）上，从后中心向左测量 $\frac{2B}{10}$-0.5cm，过测量点画垂直线。

2. 衣身结构制图（图 4-19）

（1）后横开领宽：从后中心沿上平线向左测量 $\frac{B}{20}$+3.5cm，用●表示。

（2）后领高：在后横开领宽点的位置，向水平线的上方画 2.5cm 的垂线。

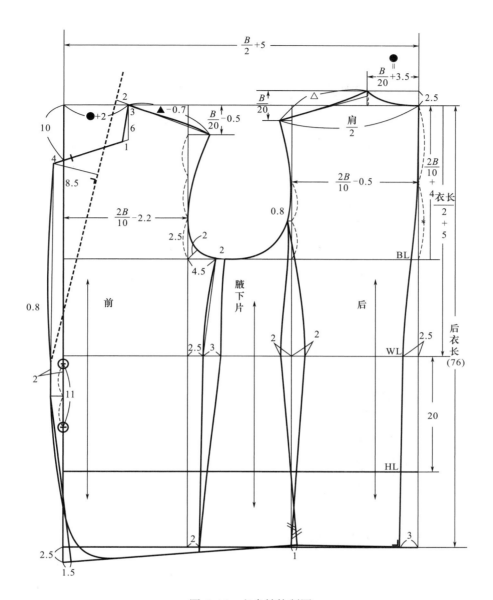

图 4-19 衣身结构制图

（3）后落肩线：从后领高点水平线的位置沿后背宽线向下测量 $\frac{B}{20}$，画水平线。

（4）后肩宽：从后领窝点向落肩线上测量 $\frac{S}{2}$。

（5）前横开领宽：从前中心沿上平线向右测量 ● +2cm，过领宽点向下画垂线，长6cm。

（6）前领口斜线：从上平线沿前中心线向下测量 10cm，与自领宽点垂直向下 6cm 的点相连接。

（7）前落肩线：从上平线沿前胸宽线向下测量 $\dfrac{B}{20}$ -0.5cm，画水平线。

（8）前肩宽：从前横开领宽点（颈侧点）向落肩线上测量后肩线长△ -0.7cm。

3. **领子、贴边、省位、袋位结构制图（图 4-20）**

衣身制图完毕后，要仔细核对尺寸，因为图中所用数据都是按胸围尺寸计算出来的，要保证背宽、肩宽、胸宽、腰部、臀部等符合实际穿着的尺寸及人体特征。

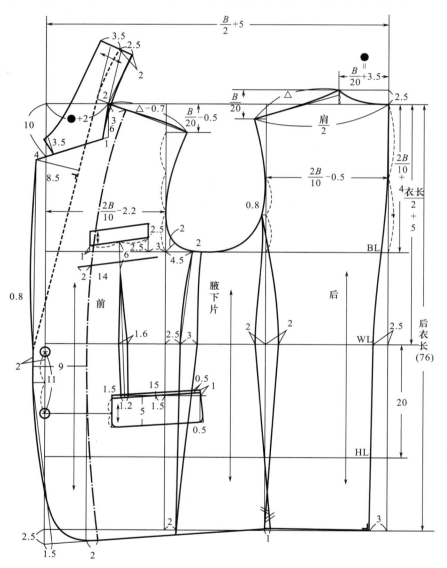

图 4-20　领子、贴边、省位、袋位结构制图

（二）袖子结构制图

西服袖分大、小两片袖，袖山较高，袖型线条优美，前倾明显，袖口一侧开衩，有三

粒装饰扣，礼服缝四粒。

1. 袖子基础线制图

首先测量袖窿弧线（AH）的长度，也就是 A 点到 B 点的长度（图 4-21）；然后绘制袖子的基础线（图 4-22）

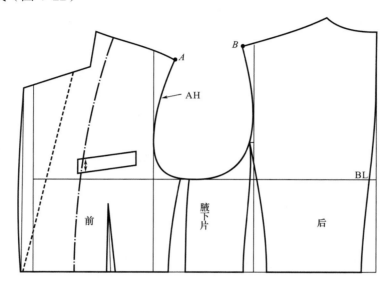

图 4-21　测量袖窿弧线长

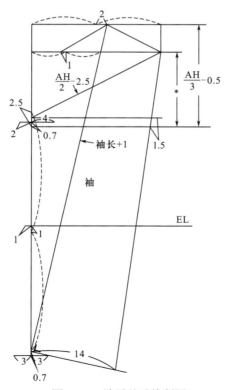

图 4-22　袖子基础线制图

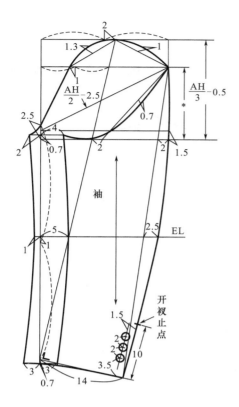

图4-23 袖子轮廓线制图

（1）袖山高：利用前后袖窿的弧线长度（AH）计算，从上平线向下测量$\frac{AH}{3}$-0.5cm。

（2）袖肥：袖肥用$\frac{AH}{2}$-2.5cm计算。

（3）袖长：袖长 +1cm。

（4）袖口：14cm。

2. 袖子轮廓线制图

袖子制图完毕后，要仔细核对袖山弧线长度与袖窿弧线（AH）长度的尺寸（图4-23）。

五、样板制作

1. 样板订正

制作样板时对各个缝份量的大小要事先确定好。

首先核对各缝合部位的尺寸、合印点、线的连接等，有误差的地方要重新订正；然后复制出每一部件的净样；要平行于净样加放缝份，缝合部位的缝份宽度要取相同的尺寸。根据设计、面料、缝制方法的不同，缝份也不相同。为了正确均匀地缝制，要按照缝制顺序加放缝份。如图4-24、图4-25，始末的直角要一致。

2. 面料样板

样板的放缝正确与否对节约原材料、提高生产效率、保证成品规格等起着重要作用。缝份量的大小一方面要根据设计要求、面料结构特征及缝制工艺决定；另一方面要根据面料价格的高低决定。如面料价格较高可适当多留些缝份，作为体型发生变化时的调节量。

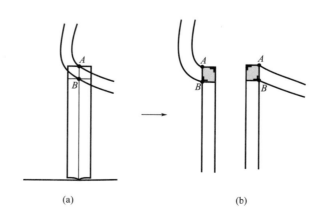

(a)   (b)

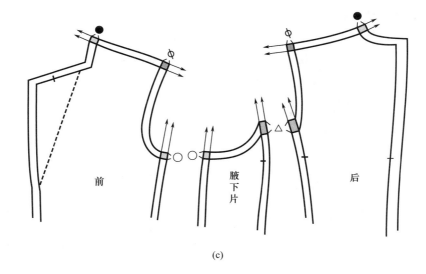

(c)

图 4-24 西服身片各缝合部位的订正方法

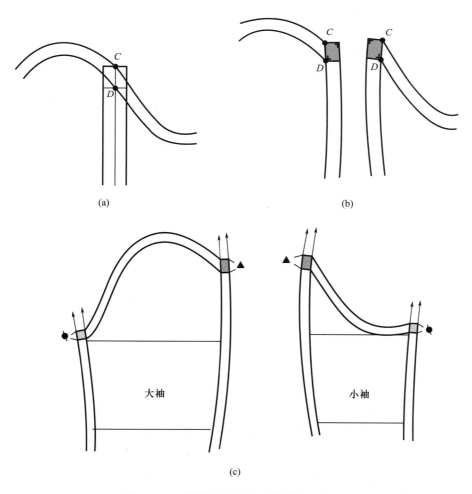

图 4-25 西服袖子各缝合部位的订正方法

（1）衣身面料样板（图 4-26）。

①先订正前身袋位处的样板，然后再放缝份。前片在领口、肩缝、袖窿、侧缝、前门处均放缝份 1cm，下摆处放缝份 4cm。

②腋下片在下摆放缝份 4cm，其余部位放缝份 1cm。

③后身在后中心放缝份 1.5 ~ 2cm，下摆放缝份 4cm，其余部位放缝份 1cm。

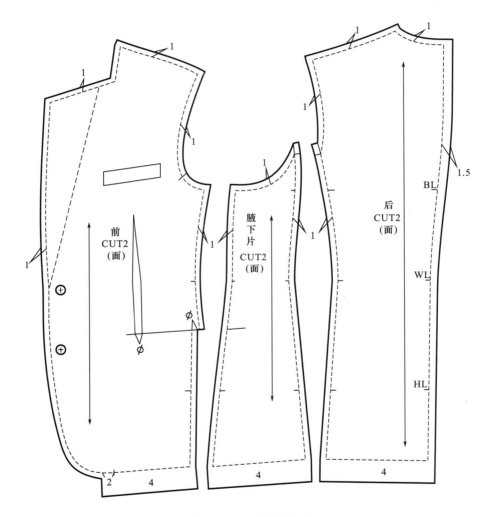

图 4-26　衣身面料样板

（2）袖子面料样板（图 4-27）。

大、小袖在袖口折边和袖开衩处放缝份 4cm，其余部位放缝份 1cm。

（3）贴边样板。

把贴边的翻驳线剪开，放出驳头翻转量，此量要根据面料的薄厚而增减，并且要与领面翻折线处放量相同；然后放出吐子口量（图 4-28）。

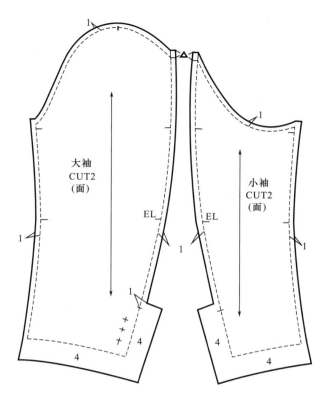

图 4-27　袖子面料样板

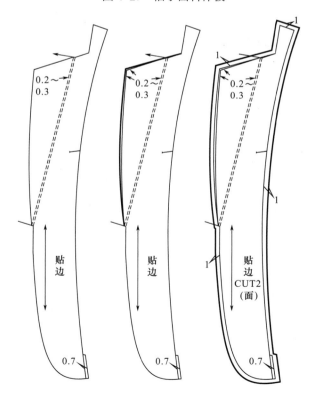

图 4-28　贴边样板

（4）领子样板（图4-29）。

为了使男西服的领子紧贴脖颈、造型美观，在领面上增加了座领与翻领的分割线。

①领面上的分割线要在翻领折线以下的位置断开，即翻折线下0.7cm的位置在此点标记点 a。翻领折线前端向下1cm画断开线，此断开线与领口线相交于点 b。

②在领侧颈点的位置作绱领线的垂线，与断开线相交于点 c，把 bc 两点间的距离分成三等份，然后过等分点再做第二、第三条垂线，与线条 bc 分别相交与点 e、点 f。

③沿 ab 线剪开，在 e、f、c 三点处折叠0.2cm的量。在翻线处加入0.2～0.3cm的翻折量。

④在折叠好的翻领后中心放出0.2cm，作为调节领外围的余量；在领外口线处放出0.2～0.3cm的吐止口量，防止领里外露。样板订正好后放出缝份量。翻领后中心整片裁剪不放缝份。

⑤底领折叠与翻领相同的尺寸，然后放出缝份量。底领后中心整片裁剪不放缝份。

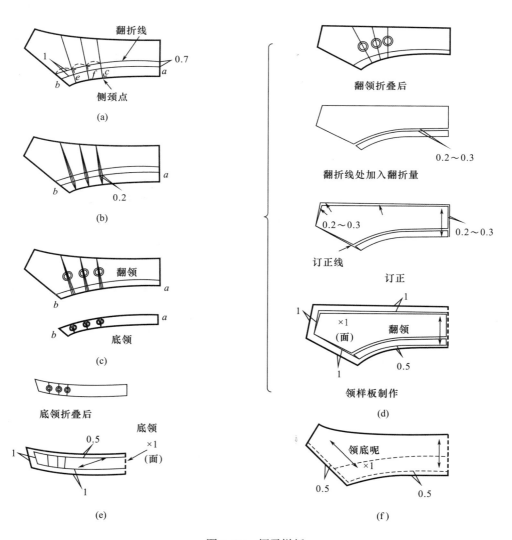

图4-29 领子样板

⑥西服领里使用领底呢，领子后中心整片裁剪，不放缝份；领外围、领头部分不放缝份；绱领线位置放 0.5cm。

（5）零部件样板（图 4-30）。

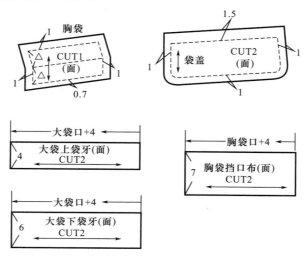

图 4-30　零部件样板

3. 里料样板

（1）衣身里料样板（图 4-31）。

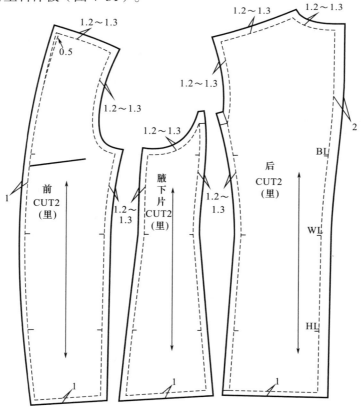

图 4-31　衣身里料样板

①作为前肩面的归量，把前肩里加长 0.5cm，在前身片与贴边拼接处、下摆处放缝份 1cm，其余部位放缝份 1.2 ～ 1.3cm。

②腋下片在底摆放缝份 1cm，其余部位放缝份 1.2 ～ 1.3cm。

③后身在后中心放缝份 2cm，底摆放缝份 1cm，其余部位放缝份 1.2 ～ 1.3cm。

（2）袖子及零部件里料样板（图 4-32）。

因为在制作时，袖山的缝份要包在袖窿线外侧，这样会造成袖山线的长度不足，因此，如图 4-27 所示，小袖的底部缝份为 3cm，为弥补宽度的不足量，在袖子的袖内缝、袖外缝每一个缝份处加放 0.5cm 余量，重新订正袖内缝线、袖外缝线和袖山弧线。另外还要在

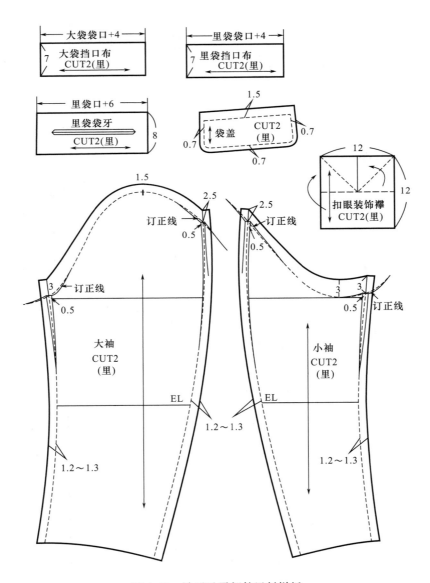

图 4-32　袖子及零部件里料样板

缝份中加放倒缝余量，长度加放 1cm 制作样板。为了使袖长的余量上下分配合理，袖肘线的合印点向下移动了 0.5cm。

4. 衬料样板与粘衬部位（图 4-33）

前身片用厚衬，其余部位使用薄衬。除前衣片和贴边外，其余部位也可使用牵条衬。领里衬使用黏合衬（麻），同领底呢一样使用斜纱，整片。领面在两端粘 10cm 左右。前身胸衬使用黑炭衬和胸绒，绱完口袋以后再敷。

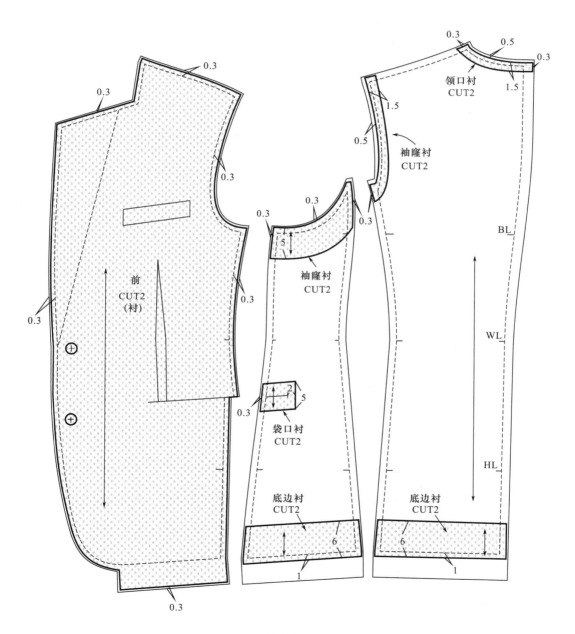

图 4-33

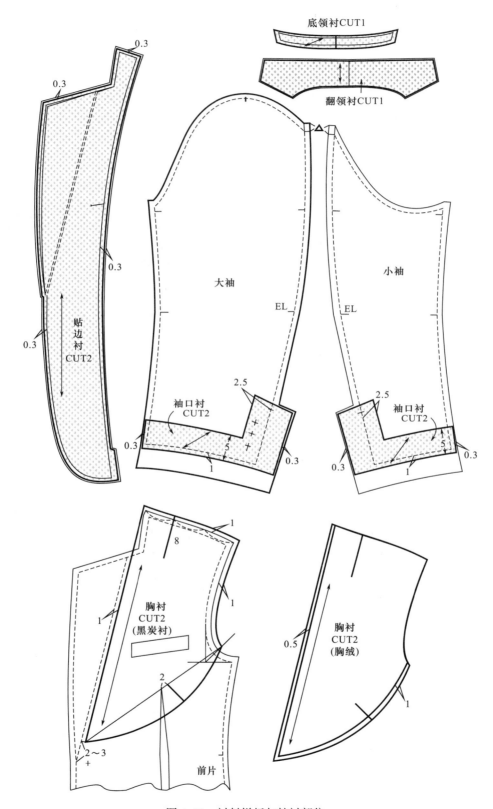

图 4-33　衬料样板与粘衬部位

六、排板与裁剪

1. 面料排板与裁剪

面料排板时，要根据面料的材质进行排板。有倒顺毛的面料排板时要排成同一方向，无倒顺毛的面料可以颠倒，但尽可能同向排板比较好。若是条格面料，需要对条格的，面料就要多准备 10% 左右。把面料布幅双折后排板，排好后，用画粉描下裁剪线再裁。面料排板时不用排领里，领里使用领底呢（图 4-34）。

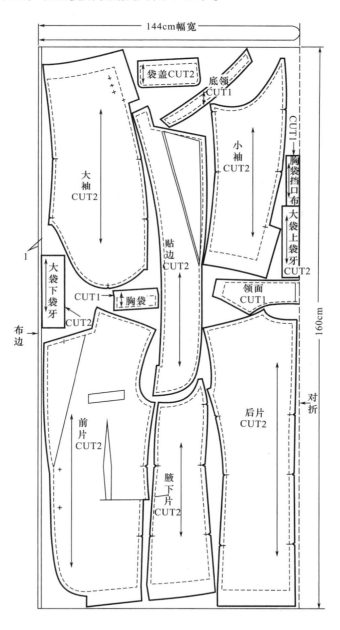

图 4-34　面料排板与裁剪

排板部件有：前身、腋下片、后身、大袖、小袖、领面、贴边、袋盖、大袋袋牙、胸袋、胸袋挡口布。

2. 里料排板与裁剪

把里料布幅双折后排板，里料无倒顺毛，排板时样板可以颠倒。排板部件有：前身、后身、大袖、小袖、袋盖里、大袋挡口布、里袋袋牙、里袋扣眼装饰襻（图4-35）。

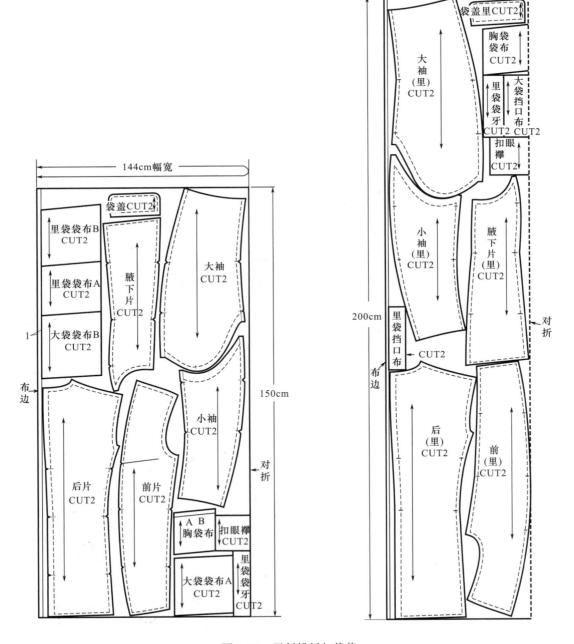

图4-35　里料排板与裁剪

第三节　双排扣戗驳头男西服结构制图与样板

一、设计说明

　　双排扣西服属于古典式服装，穿起来给人以庄重的感觉。根据面料的不同、流行趋势的不同，双排扣西服既可作为轻便服，又可作为礼服。一般双排扣西服为戗驳头，也叫剑领，但也有平驳头的情形。随着款式的变化，前中心的重叠量，驳头的长短、宽窄，纽扣的个数及胸袋位置等都要作相应的变化和调整。

　　剑形的戗驳领，剑尖通常是年轻人作成锐角，中年以上的人要削弱角度。前门襟有直摆和斜摆两种。扣位可依据设计或流行情况而变，有"一眼二扣"、"一眼四扣"、"一眼六扣"、"二眼四扣"、"二眼六扣"，所以，驳头的长短会因此而改变（图4-36）。

一眼四扣（正面）　　　　　　　　　二眼六扣（正面）　　　　　　　　　背面

图4-36　双排扣戗驳头男西服款式图

　　在本节中以"一眼四扣"戗驳头双排扣男西服为例，讲解结构制图的设计及样板制作。效果图、款式图见图4-37、图4-38。

二、材料使用说明

　　面料：单件西服150cm 幅宽，用量150 ~ 170cm。

　　　　　一套西服150cm 幅宽，用量280 ~ 300cm。

图 4-37　戗驳头双排扣
　　　　 男西服效果图

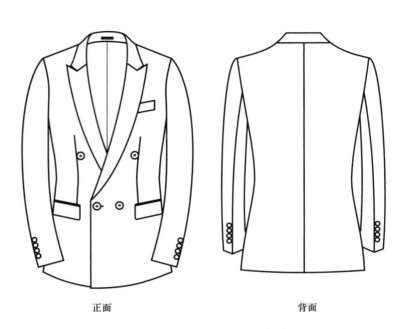

正面　　　　　　　　　　　　　　　背面

图 4-38　戗驳头双排扣男西服款式图

里料：150cm 幅宽，用量 150cm。

黏合衬：90cm 幅宽，用量 100cm。

黑炭衬：90cm 幅宽，用量 50cm。

胸绒（针刺棉）：90cm 幅宽，用量 50cm。

领底呢、肩垫使用现成品。

三、规格尺寸

成品规格尺寸按照净体尺寸加放余量，净胸围加 16 ~ 18cm 的余量，即成品尺寸（表 4-2）。

表 4-2　戗驳头双排扣男西服规格尺寸表　　　　　　　单位：cm

规格型号 ＼ 部位	后衣长	胸围（B）	腰围（W）	臀围（H）	肩宽（S）	袖长	背长
型号 175/92A	76	110	78	93	46	61	44

四、结构制图

以一眼四扣为例讲解戗驳头双排扣男西服，实用扣一粒，其余三粒为装饰扣。

（一）衣身、领子结构制图（图 4-39）

1. 绘制基础线

（1）先确定衣身的长度和宽度，衣长 76cm，宽度为 $\dfrac{B}{2}$+2.5cm。根据长度和宽度画一长方形。

（2）胸围线的位置（BL）：从上平线沿前中心线向下测量 $\dfrac{2B}{10}$+4cm。

（3）腰围线的位置（WL）：从上平线沿前中心线向下测量 $\dfrac{衣长}{2}$+5cm。

（4）臀围线的位置（HL）：从腰围线沿前中心线向下测量 20cm。

（5）前胸宽：在胸围线（BL）上，从前中心向右测量 $\dfrac{2B}{10}$-1.5cm，过测量点画垂直线。

（6）后背宽：在胸围线（BL）上，从后中心向左测量 $\dfrac{2B}{10}$-1cm，过测量点画垂直线。

（7）后横开领宽：从后中心沿上平线向左测量 $\dfrac{B}{20}$+3.5cm，用●表示。

（8）后领高：在后横开领宽点的位置，向水平线的上方画 2.5cm 的垂线。

（9）后落肩线：从后领高点水平线的位置沿后背宽线向下测量 $\dfrac{B}{20}$，画水平线。

（10）后肩宽：从后领中心向落肩线上测量 $\dfrac{S}{2}$。

（11）前横开领宽：从前中心沿上平线向右测量 ● +2cm，过领宽点向下画垂线，长 5cm。

（12）前领口斜线：从上平线沿前中心线向下测量 8cm，与 5cm 垂线的末端点相连接。

（13）前落肩线：从上平线沿前胸宽线向下测量 $\dfrac{B}{20}$-0.5cm，画水平线。

（14）前肩宽：从前横开领宽点（颈侧点）向落肩线上测量后小肩宽△ -0.7cm。

（15）前中心的搭门量为 7cm，第一粒扣的位置决定驳头的长短，如果扣两粒时，扣位与袋口平齐，扣四粒时，第一粒在腰围线上。注意驳头的剑尖不要过窄，尖的角度可根据爱好适当变换。

2. 局部、领子结构制图

在前身领口上配制领子的结构图。胸袋、大袋、胸省、贴边、领子的制图如图 4-39 所示。

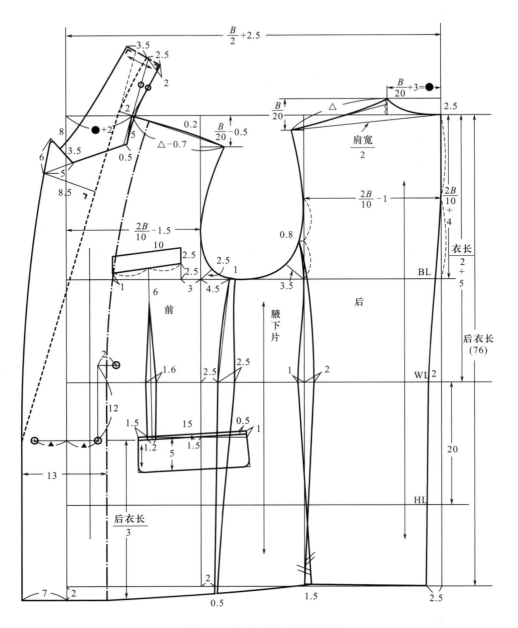

图 4-39 衣身、领子结构制图

（二）袖子结构制图（图 4-40）

（1）袖山高：利用前后袖窿的弧线长度（AH）计算，从上平线向下测量 $\frac{AH}{3}$ -0.5cm。

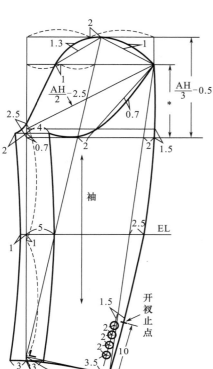

图 4-40 袖子结构制图

（2）袖肥：袖肥用 $\dfrac{AH}{2}-2.5\text{cm}$ 计算。

（3）袖长：袖长 +1cm。

（4）袖口：14cm。

五、样板制作

（1）腋下片、后衣身、袖子、领子的面料样板、里料样板和其他零部件样板的制作，请参照平驳头单排扣男西服的样板制作方法。

（2）前片、贴边样板制作如图 4-41 所示。

（3）衬料样板及粘衬部位请参照平驳头单排扣男西服。

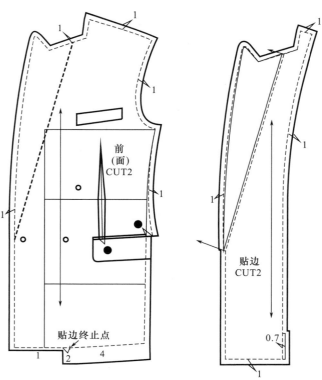

图 4-41 前身、贴边样板制作

第四节　后中开衩单排一粒扣男西服结构制图

一、设计说明

　　这是一款在日常生活中应用较广泛的男西服，该款式为单排一粒扣，平驳头，后中缝在下摆处有一个开衩，大袋为双袋牙口袋，左侧有一胸袋，袖子上有四粒袖扣。造型结构紧凑适体，突出男性阳刚之气，表现出强烈的时代感（图4-42）。男装的结构变化范围小而且稳定，所以在款式设计上基本相同，但根据其材料、色彩、花样的选择不同，所得到的效果也不同，因此，要根据穿着目的选择面料。

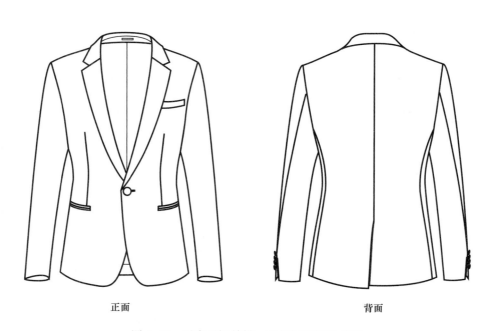

正面　　　　　　　　　　　　　　　　　　背面

图4-42　后中开衩单排一粒扣男西服款式图

二、材料使用说明

　　面料：150cm 幅宽，用量170cm。

　　里料：150cm 幅宽，用量150cm。

　　黏合衬：90cm 幅宽，用量150cm。

　　黑炭衬：90cm 幅宽，用量50cm。

　　胸绒（针刺棉）：90cm 幅宽，用量50cm。

　　领底呢、肩垫使用现成品。

三、规格尺寸

成品规格尺寸按照净体尺寸加放余量，净胸围加 16 ~ 18cm 的余量，即成品尺寸（表 4-3）。

表 4-3　男西服规格尺寸表

单位：cm

规格尺寸　＼　部位	后衣长	胸围（B）	腰围（W）	臀围（H）	肩宽（S）	袖长	背长
型号 175/92A	72	108	78	93	46	61	44

四、结构制图

在结构制图中使用成品尺寸计算。

1. 衣身、领子结构制图（图 4-43）

（1）先确定衣身的长度和宽度，衣长 76cm，宽度为 $\frac{B}{2}$+3cm。根据长度和宽度画一长方形。

（2）胸围线的位置（BL）：从上平线沿前中心线向下测量 $\frac{2B}{10}$+4cm。

（3）腰围线的位置（WL）：从上平线沿前中心线向下测量 $\frac{衣长}{2}$+5cm。

（4）臀围线的位置（HL）：从腰围线沿前中心线向下测量 20cm。

（5）前胸宽：在胸围线（BL）上，从前中心向右测量 $\frac{2B}{10}$-2.2cm，过测量点画垂直线。

（6）后背宽：在胸围线（BL）上，从后中心向左测量 $\frac{2B}{10}$-0.5cm，过测量点画垂直线。

（7）后横开领宽：从后中心沿上平线向左测量 $\frac{B}{20}$+3.5cm，用●表示。

（8）后领高：在后横开领宽点的位置，向水平线的上方画 2.5cm 的垂线。

（9）后落肩线：从后领高点水平线的位置沿后背宽线向下测量 $\frac{B}{20}$，画水平线。

（10）后肩宽：从后领中心向落肩线上测量 $\frac{S}{2}$。

（11）前横开领宽：从前中心沿上平线向右测量●+2cm，过领宽点向下画垂线，长 6cm。

（12）前领口斜线：从上平线沿前中心线向下测量 10cm，与 6cm 垂线的末端相连接。

（13）前落肩线：从上平线沿前胸宽线向下测量 $\frac{B}{20}$-0.5cm，画水平线。

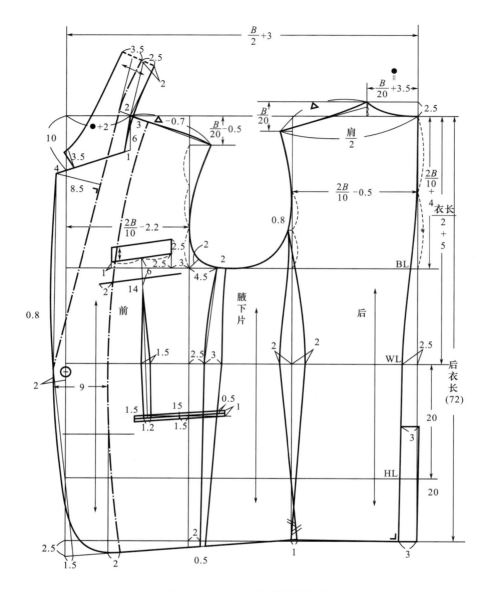

图 4-43　衣身、领子结构制图

（14）前肩宽：从前横开领宽点（颈侧点）向落肩线上测量后小肩宽 △ -0.7cm。

（15）领子：在前身领口上配制领子的结构图。

（16）后中开衩：宽 3cm，长 20cm。

2．袖子结构制图

西服袖分大、小两片袖，袖山较高，袖型线条优美，前倾明显，袖口侧开衩处装饰纽扣四个（图 4-44）。

（1）袖山高：首先测量袖窿弧线（AH）的长度，从上平线向下测量 $\dfrac{AH}{3}$。

（2）袖肥：袖肥用 $\dfrac{AH}{2}$ −3cm 计算。

（3）袖长：袖长 +1cm。

（4）袖口：14cm。

五、样板制作

（1）前衣身、腋下片、袖子、领子的面料样板、里料样板、贴边及其他零部件的样板制作，请参照平驳头单排扣男西服的样板制作方法。

（2）后衣身样板制作如图 4-45 所示。

（3）衬料样板及粘衬部位请参照平驳头单排扣男西服。

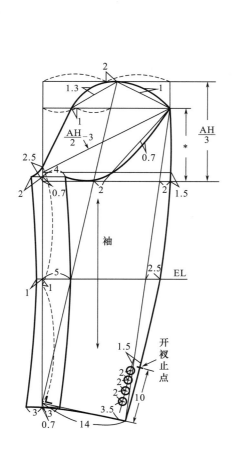

图 4-44　袖子结构制图

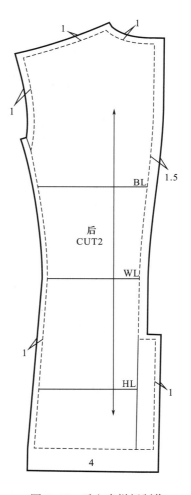

图 4-45　后衣身样板制作

第五节　双侧开衩男西服结构制图与样板

一、设计说明

　　这是一款在日常生活中应用较广泛的男西服，该款式为单排一粒扣，平驳头，在后身双侧有开衩，大袋为双袋牙口袋，左侧有一胸袋，袖子上有四粒袖扣。造型结构紧凑适体，突出男性阳刚之气，表现出强烈的时代感（图 4-46）。男装的结构变化范围小而且稳定，所以在款式设计上基本相同，但根据其材料、色彩、花样的选择不同，所得到的效果也不同，因此，要根据穿着目的选择面料。

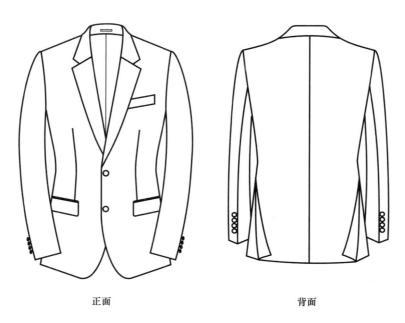

正面　　　　　　　　　　　　　背面

图 4-46　双侧开衩男西服款式图

二、材料使用说明

　　面料：150cm 幅宽，用量 170cm。

　　里料：150cm 幅宽，用量 150cm。

　　黏合衬：90cm 幅宽，用量 150cm。

　　黑炭衬：90cm 幅宽，用量 50cm。

　　胸绒（针刺棉）：90cm 幅宽，用量 50cm。

　　领底呢、肩垫使用现成品。

三、规格尺寸

成品规格尺寸按照净体尺寸加放余量，净胸围加 16 ～ 18cm 的余量，即成品尺寸（表 4-4）。

表 4-4　男西服规格尺寸表　　　　　　　　单位：cm

规格尺寸 ＼ 部位	后衣长	胸围（B）	腰围（W）	臀围（H）	肩宽（S）	袖长	背长
型号 175/92A	76	108	78	93	46	61	44

四、结构制图

在结构制图中使用成品尺寸计算。

1. **衣身、领子结构制图**（图 4-47）

（1）先确定衣身的长度和宽度，衣长 76cm，宽度为 $\frac{B}{2}$+5cm。根据长度和宽度画一长方形。

（2）胸围线的位置（BL）：从上平线沿前中心线向下测量 $\frac{2B}{10}$+4cm。

（3）腰围线的位置（WL）：从上平线沿前中心线向下测量 $\frac{衣长}{2}$+5cm。

（4）臀围线的位置（HL）：从腰围线沿前中心线向下测量 20cm。

（5）前胸宽：在胸围线（BL）上，从前中心向右测量 $\frac{2B}{10}$-2.2cm，过测量点画垂直线。

（6）后背宽：在胸围线（BL）上，从后中心向左测量 $\frac{2B}{10}$-0.5cm，过测量点画垂直线。

（7）后横开领宽：从后中心沿上平线向左测量 $\frac{B}{20}$+3.5cm，用●表示。

（8）后领高：在后横开领宽点的位置，向水平线的上方画 2.5cm 的垂线。

（9）后落肩线：从后领高点水平线的位置沿后背宽线向下测量 $\frac{B}{20}$，画水平线。

（10）后肩宽：从后领中心向落肩线上测量 $\frac{S}{2}$。

（11）前横开领宽：从前中心沿上平线向右测量 ●+2cm，过领宽点向下画垂线，长 6cm。

（12）前领口斜线：从上平线沿前中心线向下测量 10cm，与 6cm 垂直的末端相连接。

（13）前落肩线：从上平线沿前胸宽线向下测量 $\frac{B}{20}$-0.5cm，画水平线。

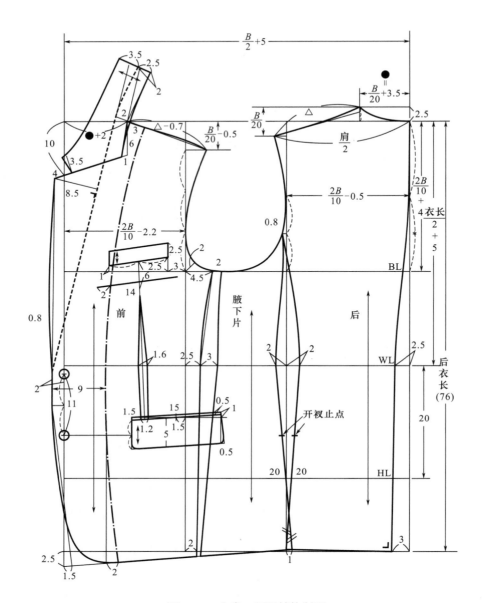

图 4-47　衣身、领子结构制图

（14）前肩宽：从前横开领宽点（颈侧点）向落肩线上测量后小肩宽 $\triangle -0.7$ cm。

（15）领子：在前身领口上配制领子的结构图。

（16）侧开衩：宽 3cm，长 20cm。

2. 袖子结构制图

西服袖分大、小两片袖，袖山较高，袖型线条优美，前倾明显，袖口侧开衩处装饰纽扣四个（图 4-48）。

（1）袖山高：首先测量袖窿弧线（AH）的长度，从上平线向下测量 $\dfrac{AH}{3}$。

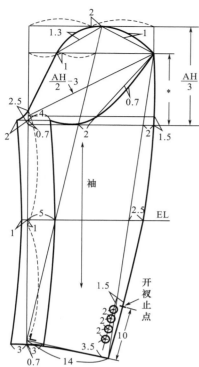

图 4-48　袖子结构制图

（2）袖肥：袖肥用 $\dfrac{AH}{2}-3cm$ 计算。

（3）袖长：臂长 +1cm。

（4）袖口：14cm。

五、样板制作

（1）前衣身、袖子、领子的面料样板、里料样板、贴边及其他零部件的样板制作，请参照平驳头单排扣男西服的样板制作方法。

（2）腋下片、后衣身样板制作如图 4-49 所示。

（3）衬料样板及粘衬部位请参照平驳头单排扣男西服。

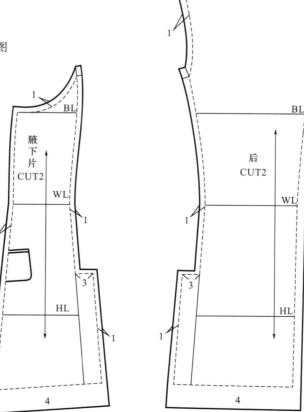

图 4-49　腋下片、后衣身样板制作

第六节 休闲时尚型男西服结构制图

一、设计说明

　　休闲西服或便装与正式西服的不同之处是上下装可选择不同的面料，并且款式宽松、穿着自在。虽说它的基本结构与西服相似，但在款式廓型、细节处理和面料选择方面比西服有更大的自由度，其基本样式也比较轻松随意。这款休闲时尚西服在设计上把长袖变成了七分袖，大袋采用单袋牙的工艺，大袋、胸部手巾袋、袖口运用花色面料搭配，前门有一粒纽扣，此款比较适合年轻人穿着（图4-50、图4-51）。

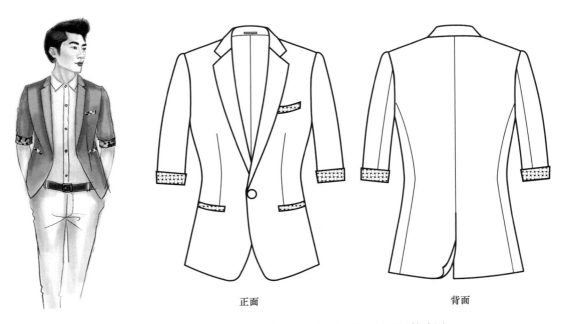

正面　　　　　　　　　　　　　　　　背面

图4-50　休闲时尚型　　　　　图4-51　休闲时尚型男西服款式图
男西服效果图

　　该款休闲时尚西服无里布制作时可夏天穿用，采用半里布制作时可春秋穿用。

　　材料可选择精纺毛涤织物、化纤织物、仿皮革、针织织物等。在色彩上可选用单色面料与其他花色面料搭配。

二、材料使用说明

　　面料：140cm 幅宽，用量 170cm。

　　里料：140cm 幅宽，用量 150cm。

　　黏合衬：90cm 幅宽，用量 100cm。

三、结构制图

1. 衣身、领子结构制图（图4-52）

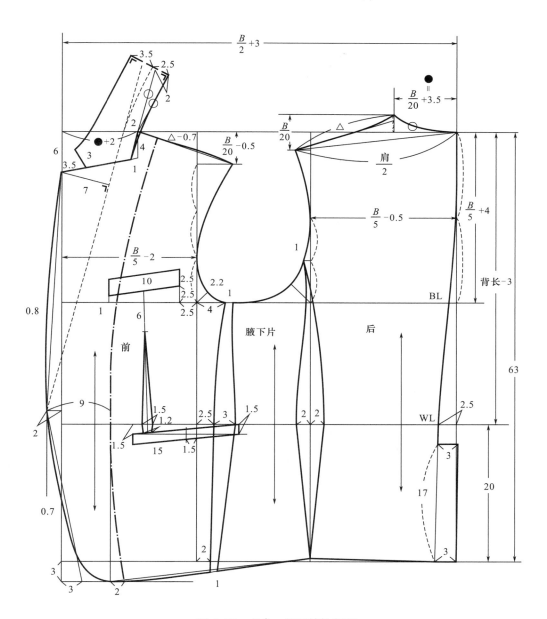

图4-52 衣身、领子结构制图

2. 袖子结构制图（图4-53）

（1）在男西服袖子制图的基础上，从袖肘线（EL）沿袖内缝线向下量取3cm定一点，再沿袖外缝线向下量取4.5cm定一点，连接两点即为袖口线。

（2）在袖口线的位置向上量取4.5cm，画袖口外翻边的宽度。

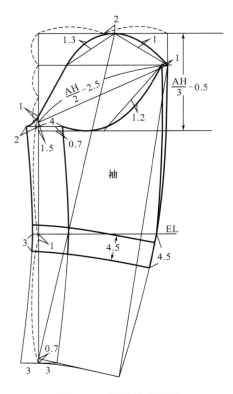

图 4-53　袖子结构制图

四、样板制作

1. 面料样板

（1）前身片、腋下片、后片、领子、贴边的面料样板请参照平驳头单排扣男西服的样板制作方法。

（2）袖子及其零部件样板制作，如图 4-54 所示。

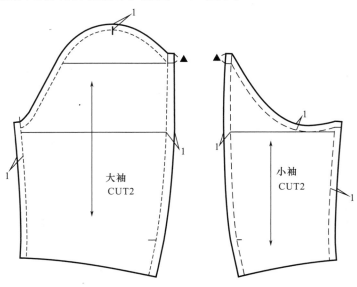

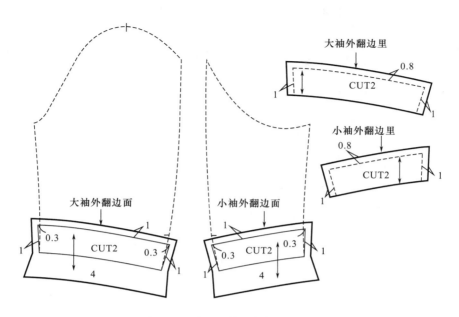

图 4-54　袖子及其零部件样板制作

2. 里料样板

前身片、腋下片、后片、袖子的里料样板制作，请参照平驳头单排扣男西服的里料样板制作方法。

3. 衬料样板

休闲西服衬料样板制作，请参照平驳头单排扣男西服的衬料样板制作方法。

第七节　男西服对条格技术

在生活中我们经常能看见用条纹、条格的材料制作的西服（图 4-55），选择条纹、条格的织物在裁剪时可以竖裁、横裁及斜裁，但不管用哪一种裁剪方式都需要进行对条或对格。下面我们以休闲贴袋男西服为例，阐述男西服变化型的工艺工程分析、缝制工艺及条格面料的对格对条方法。

若选择条格面料制作西服，在裁剪时要对好条格。对好条格的服装，有很匀称的美感。而条格本身也有大小与配色的不同，根据分配位置的不同，条格的情调与衣服的气氛也会发生变化，因此必须仔细斟酌。但是，由于人体是立体的，实际上，在样板中包含有曲线的缝合、吃量、不同的角度及倾斜等，因此，要想完全把条格对上是不可能的，要在能对上的范围内对格。因方块、条格是由横竖条格组成的，所以，竖条格与方块条格的操作方法相同。除此之外，还有双条格等复杂的花色，要逐片对条裁剪。

图 4-55　条格男西服款式图

一、衣身对条格的方法

（1）方块、条格是由横、竖条格组成，因此，首先要把最显眼的前后中心的条格左右对称的对上。如图 4-56 所示，把衣片的前后中心线放在竖向大格宽度的中间，这样制作成衣服后，前面是整格，后片在后领口部位是整格。

（2）竖格对好后对横格。在侧缝线上对前后身横格的同时，还要考虑对于腰围线、胸围线、臀围线采用哪条格子比较美观。当条格较大时，把腰围线放在格子色彩最强的地方，会使服装显腰身。

（3）在口袋与衣身对格子时，若因为省缝或破缝线使格子变形的话，可以只对最显眼的位置，如图 4-57 所示。贴袋与衣身的条格对上会使服装的整体感增强，也可把口袋的纱向改变。使用斜纱能突出口袋的设计。

二、袖子对条格的要点

（1）大袖以前身片上的条格为基准。首先，把袖山点放在竖条格的中间（可以是宽竖条格，也可以是窄竖条格）。

（2）然后，把横格与前身的格子相对，只对最显眼的位置是比较容易做到的。在前肩点沿袖窿弧线向下测量 11 ～ 12cm，再加绱袖时的吃量，从袖山中点沿袖山弧线向前袖测量此长度，就是袖子与衣身要对条格的位置。吃量根据面料的不同，多少有些差异，一般吃量大约是 1.5cm，如图 4-58 所示。

（3）小袖对条格要点：大袖以前身片上的条格为基准，小袖以大袖上的条格为基准。把小袖袖肥线与大袖袖肥线放在同一条线上，小袖的袖肘线与大袖的袖肘线也放在同一条线上（图 4-59）。

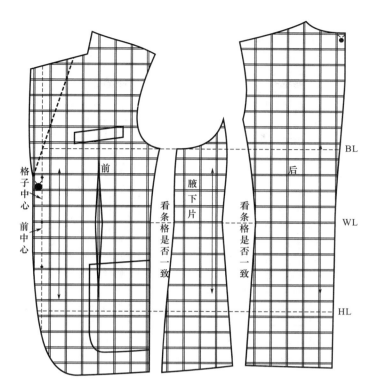

图 4-56 衣身对条格的方法

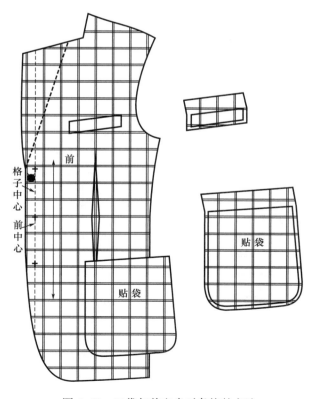

图 4-57 口袋与前衣身对条格的方法

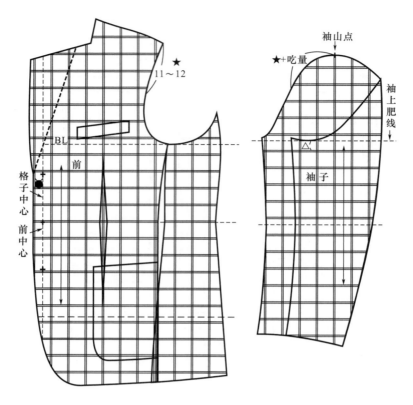

图 4-58　大袖对条格方法

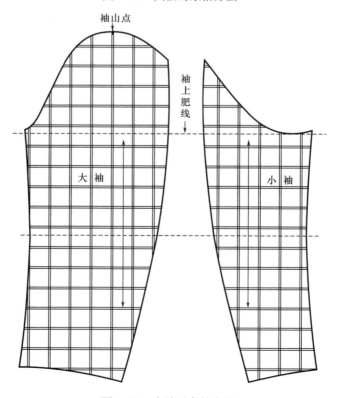

图 4-59　小袖对条格方法

三、领子对条格的要点

领子在后中心，首先与后衣身对竖条，再接着对横条。如果是进行假缝，就在白坯布上把衣身上的条格位置用铅笔标注下来，可以以此为样板裁剪实物。也可按照如图 4-60 所示的那样，从领子后中心取竖格的中心，然后对横格。

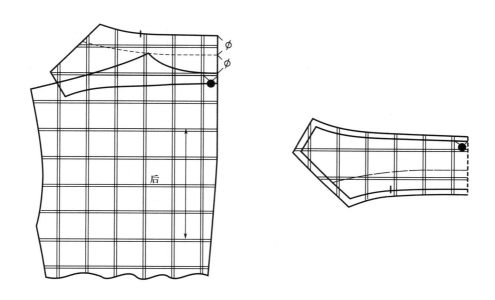

图 4-60　领子对条格方法

四、西服贴边与领子对条格的要点

（1）若条格不显眼时，使贴边的前中心穿过竖条，在驳头的绱领位置与领子对条格，如图 4-61（a）所示。当条格较大时，驳头部分选取与衣身相对称的格子。

（2）格子较明显或驳头较宽时，使竖条平行于驳头弧线，如图 4-61（c）所示。驳头以下贴边部分，让开扣眼的位置，可在两粒纽扣的中间拼接，下半部分使用经纱，如图 4-61（d）所示。

（3）要先看领子绱领点在格子的什么位置，然后，在驳头绱领点的位置取与领子相同的格子位置，在领口斜线的位置，领子与贴边要对格，如图 4-61（b）、图 4-61（c）所示。

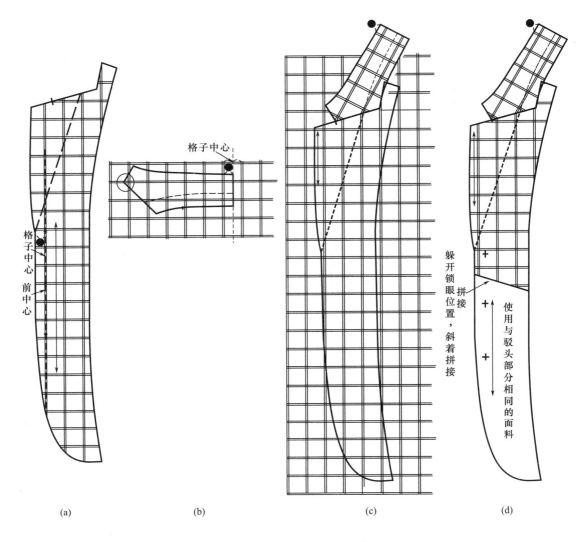

格子中心

格子中心
前中心

躲开锁眼位置，斜着拼接

拼接

使用与驳头部分相同的面料

(a)　　　　　　　　　(b)　　　　　　　　　(c)　　　　　　　　　(d)

图 4-61　贴边与领子对条格方法

五、条格面料排板要求

首先，要排后身，把后身领口中心（净印）放在竖条格的中心。

第二，依据后身 BL、WL、HL 所在条格的位置，摆放腋下片和前身样板。

第三，依据后身后领口中心所在条格的位置，摆放领子样板，领子后中心放在竖条格的中心。

第四，依据领子绱领点所在条格的位置，摆放贴边样板，使贴边上绱领点与领子绱领点所在条格的位置相同。

第五，口袋样板要依据前身袋位所在条格的位置摆放，要与前身对格。

第八节 工作案例分析——收腰型男西服

本章前几节介绍了男西服基本型的基础知识和基本板型的结构设计原理。为了将男西服结构设计的原理和方法应用到不同的款式中,随后又介绍了几款男西服变化型结构制图。在掌握这些单项技术后,为了将我们的能力应用到男西服成衣商品的实际设计开发中,本节选择了企业常规男西服产品作为案例,通过分析从成品尺寸、纸样设计、面料选用到设计生产纸样、制订样板表及生产制造单等产品开发的各个环节,使学生了解男西服产品开发的过程和要求,以及与服装结构设计的相互关系,从而更好地应用所学知识,为企业进行男西服产品的开发服务。

一、收腰型男西服款式图及效果图(图4-62、图4-63)

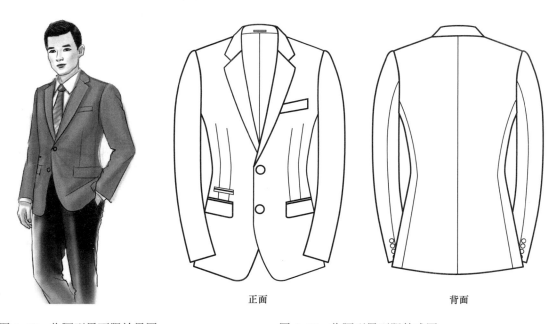

正面   背面

图4-62 收腰型男西服效果图   图4-63 收腰型男西服款式图

二、综合分析

1. 结构设计分析

本款是一款收腰型的男西服,前衣身上设计了两个省,右前身的大袋上方设计有一双袋牙的口袋,袖子为传统的男西服袖。在进行结构设计时,胸围、腰围的加放量不宜过多,可以以基本型男西服的样板作为基础,在前衣身上多设计一个腰省,在大袋上方合理的位置设计一个双袋牙的口袋。为使男西服各部位呈现最佳效果，应采用既挺括又具有一定悬垂性的面料。

2. 成品规格的确定

男西服开发时，首先由设计师和板师根据造型和风格及产品市场定位，设定男西服的板型风格，并以此为依据设计成品规格。通常由于成衣水洗、熨烫等因素，成品规格会小于纸样规格。因此，在设计男西服纸样成品规格时，板师应考虑到面料的缩水率、熨烫缩率等诸多因素，并加入一定的容量，此量的初步确定是根据企业技术标准或板师的经验，结合实际面料的材质及性能得来，然后再根据该款男西服的造型效果及设计师的要求进行试穿、调整，并对成品规格和容量进行微调，经过几次试穿、改样、修改后最终确定成品规格。表4-5提供了该款男西服纸样各部位加入容量的参考值，实际操作时可根据面料性能适当调整。在设计成品规格时，因为不同的板师设计手法、习惯不尽相同，所以必须标明测量方法，否则会造成不可估量的损失或麻烦。

表 4-5 收腰型男西服成品规格与纸样规格表 单位：cm

序号	部位	公差	成品规格 175/92A	容量	纸样规格	测量方法
1	后衣长	±1	72	0.5	72.5	后中测量
2	胸围	±1	106	1	108	胸围线处水平测量
3	腰围	±1	90	1	91	腰节处水平测量
4	臀围	±1	106	1	106	臀围最突出处水平测量
5	肩宽	±0.5	46		46.5	从一侧肩端点经过后领窝点测量至另一侧肩端点
6	背长		46			
7	袖长	±0.5	58		58.5	从肩端点经过肘点量至袖口
8	袖口	±0.5	14		14	

3. 面、辅料的使用

面料：150cm 幅宽，用量 170cm。

里料：150cm 幅宽，用量 150cm。

袋布：110cm 幅宽，用量 50cm。

辅料：垫肩 1 对、主标、尺码标、洗涤标各一个。

三、结构制图

此款男西服的结构制图与基本型男西服结构制图在原理上相同，考虑整体的收腰造型，在前身的设计中多加入一个腰省。详见图4-64、图4-65所示。

注：制图中的胸围（B）、肩宽（S）、袖长的尺寸，均使用成品尺寸。

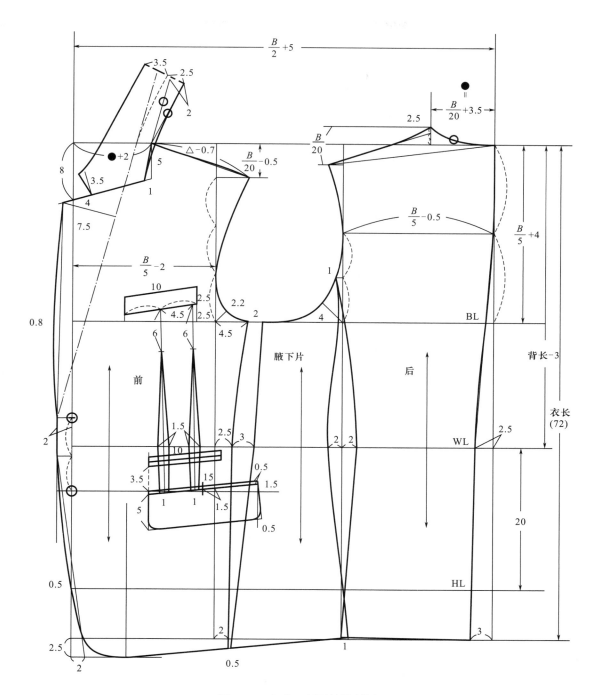

图 4-64　衣身、领子结构制图

四、样衣生产纸样

1. 面料样板制作

（1）前片、腋下片、后片样板制作如图 4-66 所示。

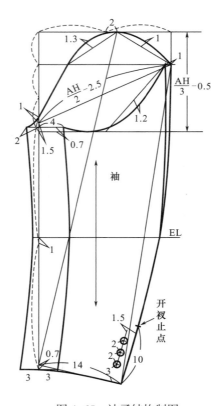

图 4-65 袖子结构制图

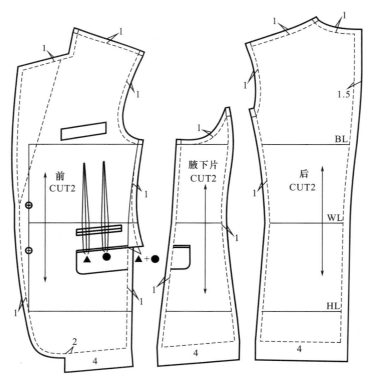

图 4-66 前片、腋下片、后片面料样板制作

（2）贴边、袖子、领子等面料样板制作如图4-67所示。

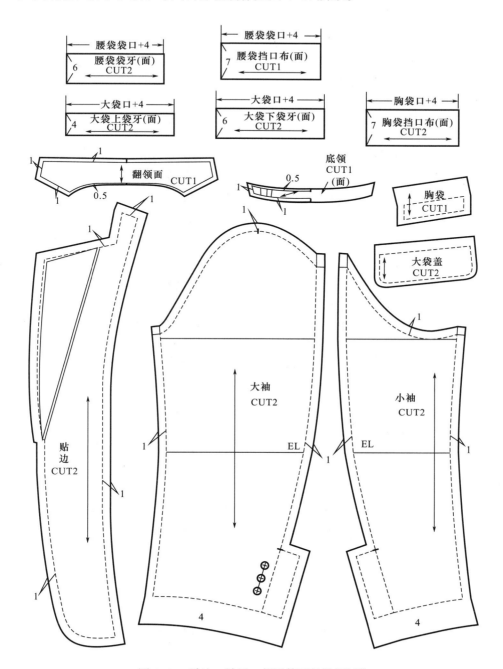

图4-67 贴边、袖子、领子等面料样板制作

2. 里料样板制作

（1）前片、腋下片、后片里料样板制作如图4-68所示。

（2）袖子里料样板制作如图4-69所示。

（3）零部件样板制作如图4-70所示。

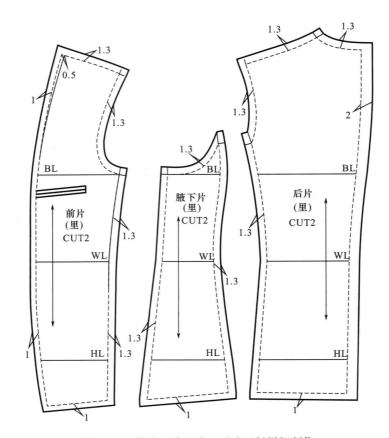

图 4-68　前片、腋下片、后片里料样板制作

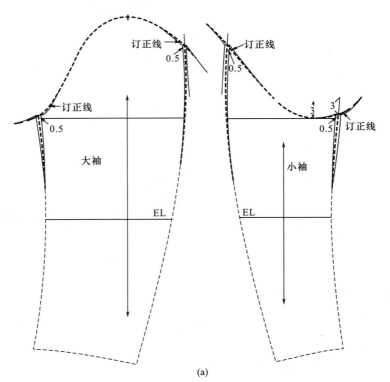

(a)

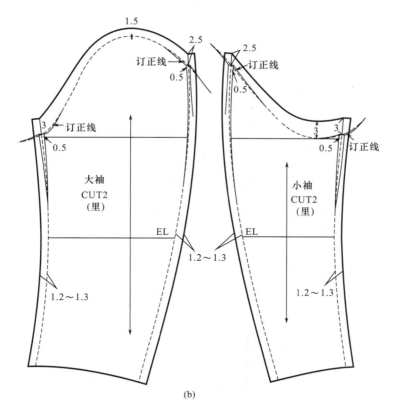

(b)

图 4-69　袖子里料样板制作

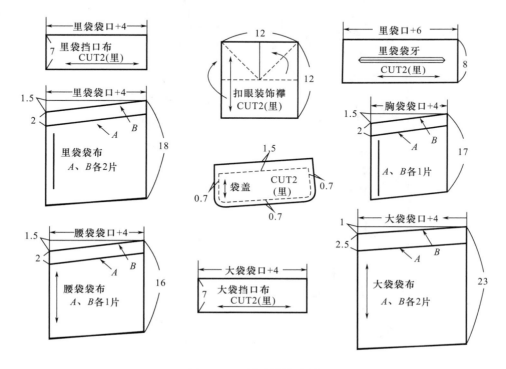

图 4-70　零部件样板制作

3. 衬料样板制作

衬料样板制作如图 4-71 所示。

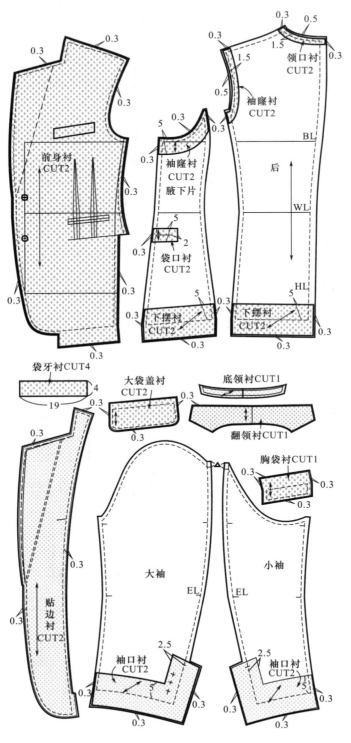

图 4-71　衬料样板制作

五、样板明细表（表4-6）

表4-6 收腰型男西服样板明细表

面料样板			衬料样板		
序号	名称	数量	序号	名称	数量
1	前身片	2	1	前身片衬	2
2	后身片	2	2	贴边衬	2
3	腋下片	2	3	领面（翻领衬）	1
4	大袖	2	4	领面（底领衬）	1
5	小袖	2	5	腋下片下摆衬	2
6	贴边	2	6	腋下片袖窿衬	2
7	领面（翻领）	1	7	腋下片袋口衬	2
8	领面（底领）	1	8	大袖袖口衬	2
9	胸袋袋牙	1	9	小袖袖口衬	2
10	胸袋垫布	1	10	后身片下摆衬	2
11	大袋袋牙	4	11	后身片袖窿衬	2
12	大袋袋盖	2	12	后身片领口衬	2
13	腰袋袋牙	2	13	袋牙衬	4
14	腰袋垫布	1	14	大袋盖衬	2
			15	胸袋衬	1
里料样板			辅料		
1	前身片	2	1	垫肩	1付
2	后身片	2	2	大扣	3粒
3	腋下片	2	3	小扣	4粒
4	大袖	2	4	牵条	2米
5	小袖	2	5	领底呢	1个
6	里袋袋牙	2	6	大袋袋布	4片
7	大袋袋盖里	2	7	胸袋袋布	2片
8	大袋挡口布	2	8	腰袋袋布	2片
			9	里袋袋布	4片

六、排板与裁剪

1. 面料排板与裁剪（图4-72）

2. 里料排板与裁剪（图4-73）

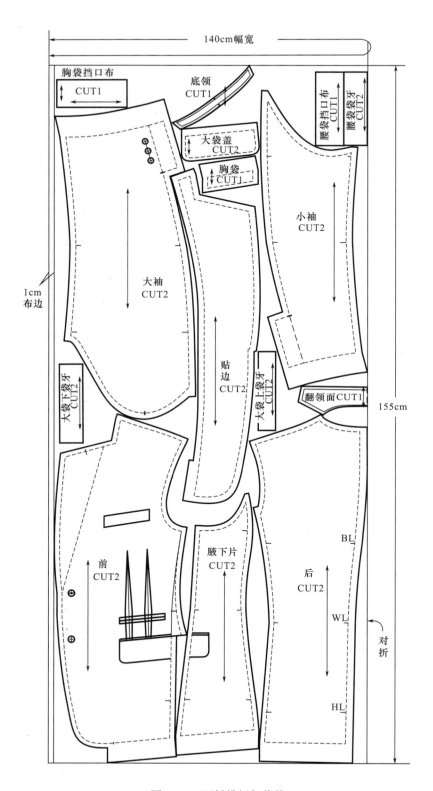

图 4-72　面料排板与裁剪

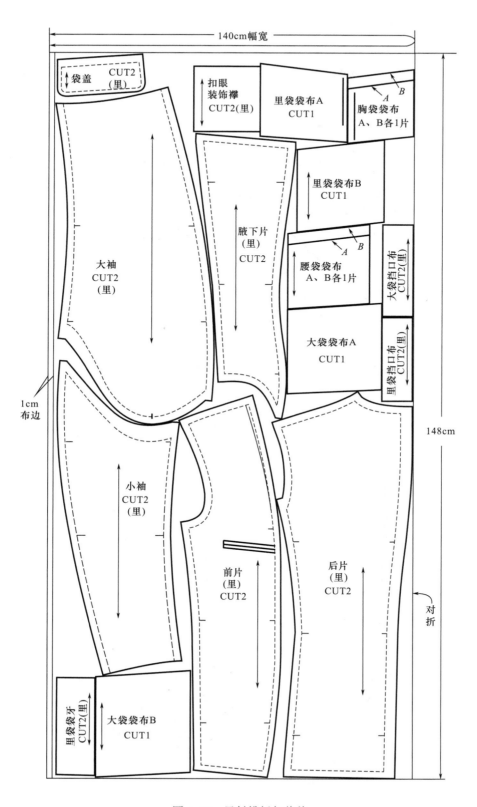

图 4-73 里料排板与裁剪

3. 衬料排板与裁剪（图 4-74）

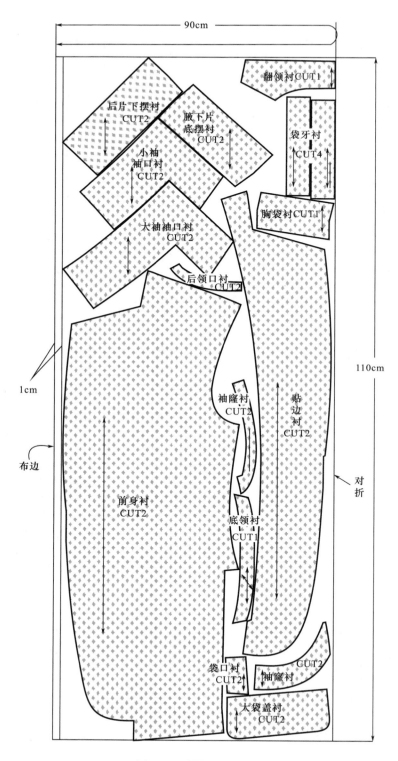

图 4-74 衬料排板与裁剪

七、生产制造单（表4-7）

在产品经过一系列过程开发完毕后，才开始制作大货生产的生产制造单，下发成衣供应商。收腰型男西服生产制造单见表4-7、表4-8。

表4-7 收腰型男西服生产制造单（一）

供应商							款名：收腰型男西服
款号：20150508				面料：XX批号素青色竹纤维梭织面料			

备注：1. 产前板M码每色一件。
　　　2. 洗水方法：普洗。
　　　3. 大货生产前务必将产前板、物料卡、排料图等交于我司，得到批复后方可开裁大货。

规格尺寸表（单位：cm）							
序号	号型部位	公差	S 165/74A	M 170/78A	L 175/92A	XL 180/96A	测量方法
1	后衣长	±1	66	69	72	75	后中测量
2	胸围	±1	98	102	106	110	沿胸围最丰满处测量
3	腰围	±1	82	86	90	94	腰节处水平测量
4	臀围	±1	98	102	106	110	沿臀围最突出处水平测量
5	肩宽	0.5	43.6	44.8	46	47.2	从一侧肩端点经过后领窝点量至另一侧肩端点
6	背长	0.5	44	45	46	47	从后颈椎点向下量至腰围处
7	袖长	0.5	54	56	58	60	从肩端点经过肘点量至袖口
8	袖口	0.5	13.5	14	14	14.5	掌围加2～3cm

表4-8 收腰型男西服生产制造单（二）

款号：20150508	款名：收腰型男西服

生产工艺要求：

1. 裁剪：面料、里料、衬料裁剪，清点数量。

2. 粘衬部位：前身，贴边，腋下片下摆、袖隆，后身下摆、领口、袖隆，大袖袖口，小袖袖口，大袋盖，大袋袋位，胸袋等。

3. 制作工艺

（1）前片：

①左右肩部平服，肩缝顺直，左右后片肩部吃势均匀一致。

②胸部丰满，面、里、衬服帖、挺括，位置准确，左右对称。

③手巾袋平服方正，袋板宽窄一致，纱向正确，开袋无毛露。

④胸省平服、顺直，左右长短一致。

⑤左右大袋对称，袋口方正、平服、无毛露现象，缝结牢固，纱向正确。

⑥贴边平服，缉线顺直。

⑦腋下片与前片接缝顺直、平服。

续表

款号：20150508	款名：收腰型男西服

（2）后片：

①腋下片与后片接缝顺直、平服，不吃不拉。

②后背缝平服、顺直，缝份均匀。

③后肩背圆顺，熨烫平整。

④后领窝圆顺、平服。

（3）领子：

①领面平服，领口圆顺、抱脖，领外口顺直、平服、不反吐，串口顺直，领子左右长短一致。

②领台、领角左右对称，大小一致，驳头平服，驳口顺直，不反吐。

（4）袖子：

①袖子前后位置适宜，不翻不吊，左右对称，以大袋的 $\frac{1}{2}$ 前后 1cm 的位置为宜。

②袖山头圆顺，吃势均匀，部位准确，垫肩窝势符合人体。

③袖内、外缝缝线顺直，平服，不吃不拉，两端打结牢固。

④袖口平服，两袖口大小一致。

⑤袖开衩整洁、顺直，袖扣位置准确，整齐牢固。

⑥袖里与袖面平服，袖里不松不紧。

（5）门里襟止口：

①门里襟平服不反吐，不起翘，不搅不豁，止口顺直，长短一致，下摆圆角一致。

②扣眼位置准确，扣眼与扣相对，扣与眼的大小相适应。

（6）下摆：

下摆折边宽窄一致，熨烫平整，与身片服帖，并扦缝固定。

（7）里子：

①里子各拼合缝顺直，熨烫时留有 0.2 ~ 0.3cm 的活动量。

②里子熨烫平整，无折痕。

③里子底边留有 1cm 的活动量。

④里袋袋口整齐，袋牙宽窄一致，封口牢固、整洁。

（8）外观：

①款式新颖，美观大方，轮廓清晰，线条流畅，外观平服，外形效果良好。

②整体结构与人体规律相符，局部结构与整体结构相称，各部位比例合理、匀称。

包装要求：

1. 烫法：立体熨烫，不可出现烫黄、发硬、变硬、激光、折痕、潮湿（冷却后挂式包装）等现象。

2. 挂装，每件入一无纺袋。

图示：此图仅供参考

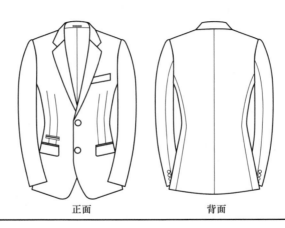

正面　　　　　　　　　背面

讲练结合——

特体男装

课程名称： 特体男装

课程内容： 1. 特殊体型基本知识

2. 肥胖凸肚体男西服结构制图与样板

3. 工作案例分析——特殊男西服样板补正

上课时数： 48课时

教学提示： 本课题为理论与实践相结合的授课方式；讲解男子特殊体型的体型特征及特体与服装结构之间的关系；讲解肥胖凸肚体男西服结构制图原理及样板制作方法，肚省的处理方法、要求及作用；讲解挺胸体型的体型特征及样板订正方法；讲解驼背体型的体型特征及样板订正方法；讲解平肩体型的体型特征及样板订正方法；讲解溜肩体型的体型特征及样板订正方法；讲解高低肩体型的体型特征及订正方法。

教学要求： 1. 使学生了解特殊体型的概念，正确认识特殊体型，掌握特体的测体方法及要求。

2. 以肥胖凸肚体型男西服的结构设计为例，讲解符合肥胖凸肚体型的西服制图方法及要求，使学生了解特体西服的制图原理及方法。

3. 讲解凸肚体型的服装肚省生成的原理及其作用，使学生掌握肚省的处理方法及样板制作要领。

4. 讲解各种不同的特体的体型特征，及符合各特体的样板处理方法，使学生掌握特体服装样板补正方法及要求。

5. 选择一特殊体型的人体，使用实际测量的人体尺寸，进行特体男西服结构制图、样板补正及样板制作练习。

课前准备： 选择比较典型的特殊体型作为案例，调研本地区特殊体型的男子并归类，选出同一特体人数较多的体型，讲解特体与服装的关系；了解各种特殊体型的体型特征及样板补正方法；课前准备特体男西服样衣；特体男西服教学课件；学生查找的特殊体型相关资料；学生准备上课使用的制图工具（1：4）比例尺、笔记本及学生实际操作使用的制图工具（1：1）样板尺、样板纸。

第五章　特体男装

第一节　特殊体型基本知识

一、特殊体型

所谓的特殊体型是与标准体型相对而言的。在实际生活中，人们会受到职业、体质、先天遗传、后天发育、外来因素及生活习惯等影响，形成不同的体型，故在一定范围内，人体体型大致可分为正常体（标准体）与非正常体（特殊体型）两种。在服装行业中，将人体发生明显变化的体型称之为特殊体型。

标准体型是指人体前后比例分割匀称的体型，在人体正常站立时，侧面观察，从耳垂点垂直向下的点为重心，大约在脚中央的位置；前面的乳房最高点与腹部最突出的位置在同一垂线上；背部肩胛骨顶点与臀部最突出的位置在同一垂线上。

对从事服装设计、服装制板工作的人员，或学习服装结构设计或样板制作的人员，必须学会观察人体、掌握人体的体型特征，这样才能制作出符合人体体型的样板和穿着舒适的服装。研究特殊体型的样板制作方法，目的是为了使体型特殊者也能有合体、美观、大方、舒适的服装。

特殊体型可以用形象化符号来表示。在量体、裁剪和制作中比较简易、方便，不用文字也可以进行国际交流。从外观看，特征比较明显的特体有如下 20 种（图 5-1）：

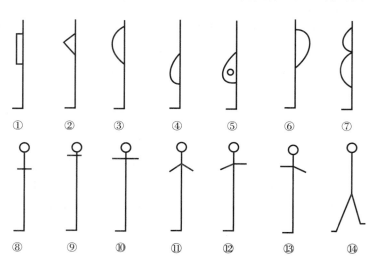

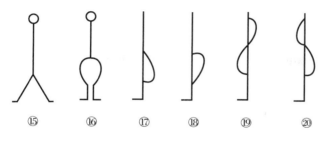

图 5-1 特殊体型符号

①平胸体型　　　②高胸体型　　　③挺胸体型　　　④凸肚体型　　　⑤孕肚体型
⑥驼背体型　　　⑦肥胖体型　　　⑧细长颈体型　　　⑨短粗颈体型　　　⑩平肩体型
⑪溜肩体型　　　⑫高低肩（左低右高）　　　⑬高低肩（左高右低）　　　⑭长短腿体型
⑮ X 型腿体型　　　⑯ O 型腿体型　　　⑰落臀体型　　　⑱翘臀体型　　　⑲大腹驼背体型
⑳挺胸大臀体型

　　在图 5-1 中，①~⑱的特体均是单一的体型。在实际生活中，有些人体的体型是由两种以上的特体所组成，这种体型称之为"复合式"特体。一般情况下，复合式特体在中老年、体操运动员等人群中较为多见，因为中老年人的腰部和腹部最容易发胖，同时背部脊柱开始弯曲，因此较多的中老年人的体型是"驼背 + 肉肚"组合起来的复合式特殊体型（图 5-1 ⑲）。体操运动员、舞蹈演员和坚持健美锻炼的人，往往是"挺胸 + 翘臀"组合的复合式特体（图 5-1 ⑳）。

　　除了这些外观上特征比较明显的特体，还有大臂围较粗、小臂围较粗、大腿围较粗、小腿围较粗等体型也属于特体。

二、特体体型观察

　　观察特殊体型要从前面、后面、侧面三个方向进行，从侧面根据人体的脖颈、胸部、背部、腹部、腰部、臀部等部位的外观造型更容易观察到特殊体型的特点，下面以人体上半身的体型列举几个典型的特殊体型：

1. 挺胸体型

　　在上半身中，后背脂肪较少，背部比较平坦，胸部向前凸起，前胸弧线较长，头部、脖颈向后仰，手臂稍向后，身体较厚。从前面观察，前胸宽较宽，前身长较长；从后面观察，后背宽较窄，后身长较短，如图 5-2（b）所示。

2. 驼背体型

　　驼背体型亦称屈身体，是由于脊柱过度弯曲造成的。从侧面观察驼背体型，后背明显凸出，肩胛骨向前弯曲，背部较圆，后背弧线较长，人体上部向前倾斜，形如俯身，中心体轴向前倾。从前面观察，前胸宽较窄，前身长较短；从后面观察，后背宽较宽，后身长较长。驼背程度较大时，前胸甚至凹陷，如图 5-2（c）所示。

3．肥胖体型

皮下脂肪较厚，身体厚度超过正常体，腰腹部特别肥壮，但身材匀称，如图 5-2（d）所示。

4．凸肚体型

男性的凸肚位置较高，在胃、肚脐眼附近；女性的凸肚位置较低，在腹部、肚脐眼以下。大的凸肚体容易造成仰体，以保持身体中心平衡，如图 5-2（e）所示。

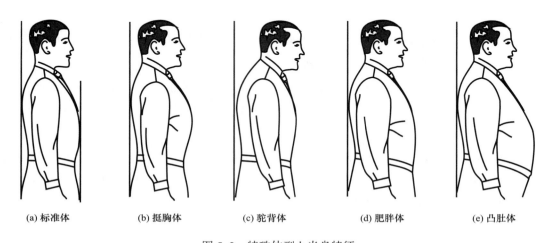

(a) 标准体　　　(b) 挺胸体　　　(c) 驼背体　　　(d) 肥胖体　　　(e) 凸肚体

图 5-2　特殊体型上半身特征

5．平肩体型

男子肩的倾斜度为 19°～20°，女子肩的倾斜度在 23° 左右，肩的倾斜度小于平均值的属于平肩体型。

6．溜肩体型

男子肩的倾斜度为 19°～20°，女子肩的倾斜度在 23° 左右，肩的倾斜度大于平均值的属于溜肩体型。

7．翘臀体型

臀部丰满，臀大肌比较发达，常见于坚持体育锻炼者。

8．落臀体型

臀部平塌，位置低落，常见于瘦弱、纤细者。

在对人体进行测量时，只要仔细观察人体的体型特征，就可以知道被测量的人体属于什么体型，可以用符号或文字记录所测人体的体型特征，然后根据被测人体的体型特征进行款式的结构设计、样板制作、修改、补正等，这样就可以制作出符合特殊体型且穿着舒适的服装。

第二节　肥胖凸肚体男西服结构制图与样板

一、设计说明

所谓的肥胖凸肚体型是与标准体型相对而言的。在男子的体型中，肥胖凸肚体型是指腹部脂肪过于肥厚且向前凸出，腰围与胸围的差值缩小，或腰围与胸围的尺寸相同。由于每个人的肥胖程度不同，故在制图时要根据人体实际测量的尺寸，绘制符合实际体型的样板。要根据人体特殊部位，恰当运用收省、重叠、展开、加放松量、修改尺寸等作图方法以及归拔熨烫等工艺操作方法，使服装达到符合特殊体型的要求，起到穿着舒适、合体、美观的作用。随着人们生活水平、工作方式及生活习惯的改变，在现今社会中肥胖体型的人越来越多，特体服装也已成为服装生产中的重要组成部分（图5-3、图5-4）。

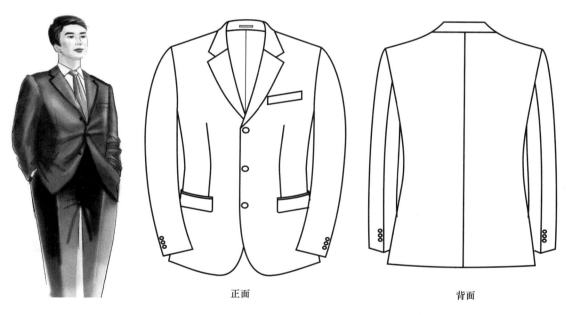

正面　　　　　　　　　　背面

图5-3　男西服效果图　　　　　　　　图5-4　男西服款式图

二、材料使用说明

面料：150cm幅宽，三件套时用量350cm，二件套时用量290cm。

里料：150cm幅宽，三件套时用量290cm，二件套时用量150cm。

黏合衬：90cm幅宽，三件套时用量250cm，二件套时用量200cm。

黑炭衬：90cm幅宽，用量50cm。

胸绒（针刺棉）：90cm幅宽，用量50cm。

领底呢、肩垫使用现成品。

三、规格尺寸

成品规格尺寸按照净体尺寸加放余量，净胸围加 16 ～ 18cm 的余量，即成品尺寸（表 5–1）。

表 5–1　男西服规格尺寸表　　　　　　　　　　单位：cm

规格尺寸＼部位	后衣长	胸围（B）	腰围（W）	臀围（H）	肩宽（S）	袖长	背长
型号 175/92A　净体尺寸	76	102	98	105	47	61	44
型号 175/92A　成品尺寸	76	120	108	115	49	61	44

四、结构制图

在制图中领宽、前胸宽、后背宽、袖窿深使用胸围净尺寸（B'）计算。

（一）衣身、领子结构制图

1. 绘制基础线、领口线、袖窿弧线（图 5–5）

（1）先确定衣身的长度和宽度，衣长 76cm；宽度：成品 $\dfrac{B}{2}$+3cm。根据长度和宽度画一长方形。

（2）后横开领宽：使用净胸围的尺寸计算，从后中心沿上平线向左测量 $\dfrac{B'}{10}$ −1cm。

（3）后领高：在后横开领宽点的位置，向水平线的上方画 2.5cm 的垂线。

（4）后背宽：在水平基础线上，从后中心向左测量 $\dfrac{B'}{5}$+2.5cm，过测量点画垂直线。

（5）画后肩线：从水平基础线沿后背宽线向下测量 2cm，与后领高 2.5cm 连线，并向背宽线的外侧延长。

（6）后肩宽：从后领中心向肩线上测量 $\dfrac{S}{2}$。

（7）前横开领宽：从前中心沿上平线向右测量后横开领宽 $\dfrac{B'}{10}$+1.5cm，过领宽点向下画垂线，长 4.5cm。

（8）前领口斜线：从上平线沿前中心线向下测量 7cm，与领宽点向下画的 4.5cm 垂线的末端相连接。

（9）前胸宽：在水平基础线上，从前中心向右测量 $\dfrac{B'}{5}$+2cm，过测量点画垂直线。

（10）画前肩线：从水平基础线沿前胸宽线向下测量 3.5 ～ 4cm，与前领宽点连线，

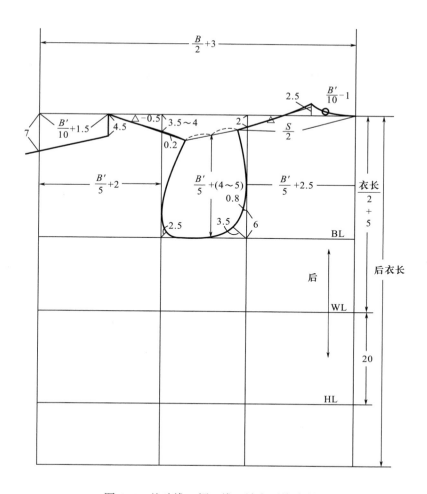

图 5-5　基础线、领口线、袖窿弧线绘制

并向前胸宽线的外侧延长。在这条线上量取后小肩宽△−0.5cm。

（11）胸围线的位置（BL）：（也是制图中的袖窿深）从前后小肩连线的中点垂直向下测量 $\frac{B'}{5}$+（4～5）cm，画胸围线。

（12）袖窿弧线：根据前、后肩宽点的位置，结合前胸宽线、后背宽线，画袖窿弧线。

（13）腰围线的位置（WL）：从上平线沿前中心线向下测量 $\frac{衣长}{2}$+5cm。

（14）臀围线的位置（HL）：从腰围线沿前中心线向下测量 20cm。

2. 绘制背中心线、后片侧缝线（图 5-6）

（1）背中心线：在腰围线上从后中心线（基础线）向里侧测量 2cm，在衣长线上从后中心线（基础线）向里侧测量 3cm，连接这两点，从腰围线的位置向上用弧线连接到后领中心。

（2）后片侧缝线：在后片腰围线上收进 1cm。

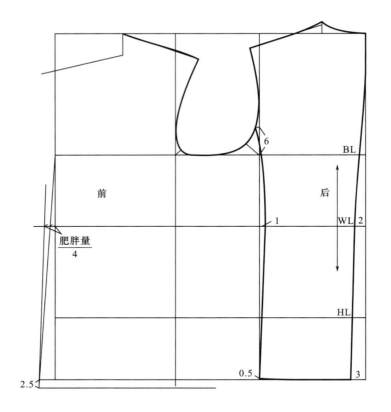

图 5-6　背中心线、后片侧缝线绘制

（3）绘制前片肥胖量（图 5-7）。

肥胖量的计算方法：

实测胸围 B − 标准胸腰差 = 标准腰围　　　肥胖量 = 实测 W − 标准 W

$102cm − 12cm = 90cm$　　　　　　　　　肥胖量 = $98cm − 90cm = 8cm$

肥胖体型的人体因腹部向前凸出，所以，在前身腰围线（WL）上放出肥胖量的 $\frac{1}{4}$，取放出量的中点与胸围线的前中心相连接，并延长到下摆线向下 2.5cm 处，将此点与 WL 上肥胖量的 $\frac{1}{4}$ 点相连，即成为肥胖体的前中线，然后再向外侧放出 2cm 的搭门宽。为了使前身的样板更符合肥胖体的腹部状态，在腹部要收肚省。肚省的处理方法在后面会讲到。

3．局部、领子结构制图

领子与基本型男西服制图方法相同，在前身领口上配制领子的结构图。胸袋、大袋、胸省、贴边、领子的制图如图 5-8 所示。

4．肚省的设计

过肥胖量 $\frac{1}{4}$ 的中点向下作垂线至底边线，从此点到前中心的量作为下摆的余量，把这些余量在腰省对应的下摆线上折叠，转移到袋口线的位置，形成肚省（图 5-9）。

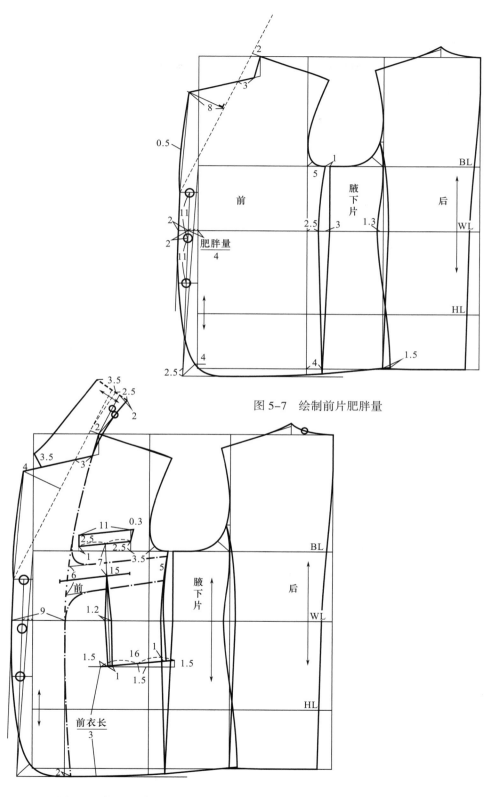

图 5-7　绘制前片肥胖量

图 5-8　领子、贴边、省位、袋位结构制图

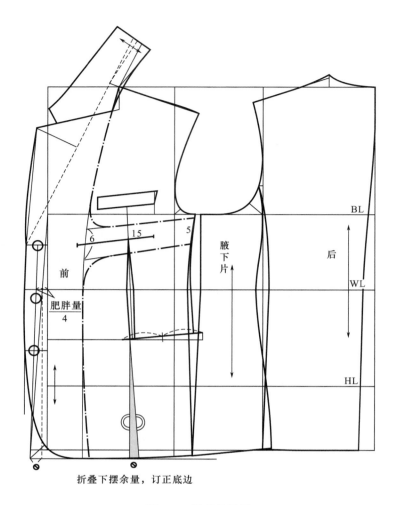

前

肥胖量
4

6　　15　　5

腋下片

后

BL

WL

HL

折叠下摆余量，订正底边

图 5-9　肚省的设计

衣身制图完毕后，要仔细核对尺寸，因为，制图数据是按胸围尺寸计算出来的，要保证实际背宽、肩宽、胸宽、腰部、臀部的尺寸都符合穿着者的尺寸及人体特征。

（二）袖子结构制图

袖子的结构制图方法与基本型男西服的制图方法相同，只因肥胖体的整体尺寸增大，所以，袖口的尺寸要比基本型男西服袖口尺寸略大些，来配合服装的整体平衡。制图在此略。

五、样板制作

1. 肚省处理

制作样板的方法与基本型男西服制作方法相同，唯一的不同点是前身肚省的处理，如图 5-10 所示。

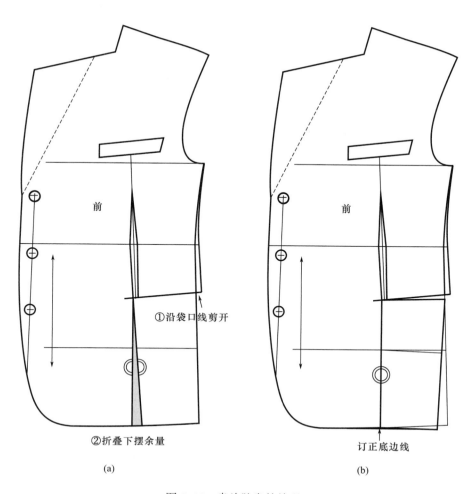

图 5-10 身片肚省的处理

2. 面料样板

根据半里西服的工艺进行样板的设计。

（1）衣身面料样板。

样板的制作方法与基本型男西服大致相同，不同之处是后背缝、后片侧缝、腋下片的侧缝比基本型的放缝量大一些（图 5-11）。

袖样板、领样板及零部件样板制作方法与基本型男西服大致相同，在此略。

（2）贴边样板制作。

把贴边的翻驳线剪开，放出驳头翻转量，此量要根据面料的薄厚而增减，并且要与领面翻折线处放量相同，最后再放出吐子口量（图 5-12）。

3. 里料样板制作

（1）衣身里料样板。

半里西服的样板制作方法与基本型男西服大致相同，不同部位如图 5-13 所示。

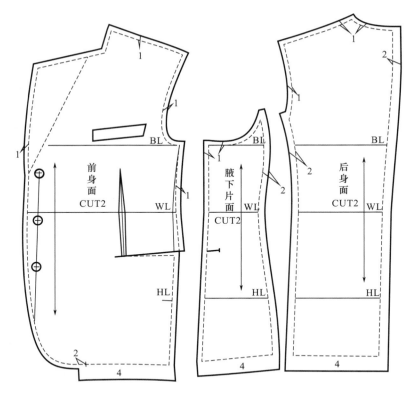

图 5-11　衣身面料样板

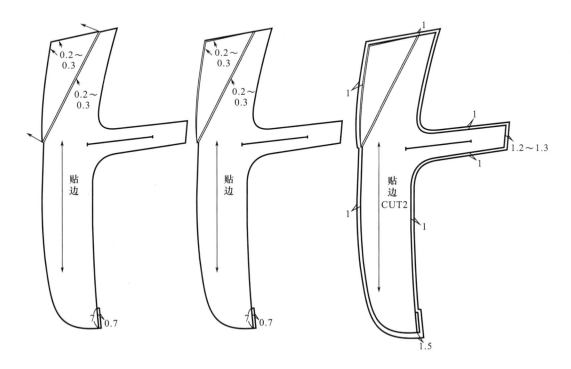

图 5-12　贴边样板制作

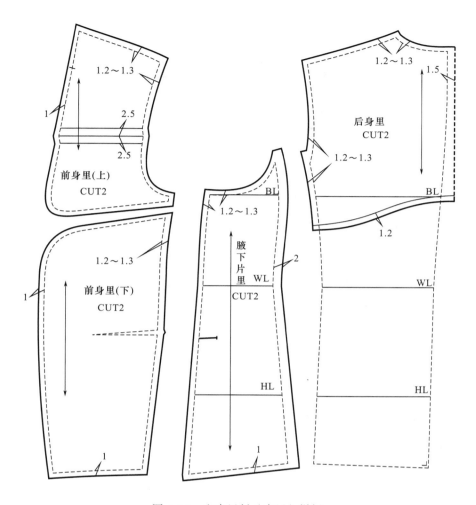

图 5-13　衣身里料（半里）样板

（2）袖子里料样板和衬料样板。

袖子里料样板制作方法、衬料样板、粘衬部位与基本型男西服大致相同，在此略。

第三节　工作案例分析——特殊男西服样板补正

案例一　挺胸体型男西服样板补正

挺胸体型的人穿着使用常规制图法设计出的西服时，从正面观察其着装状态发现，西服前身从胸侧至颈侧点斜向产生皱纹，前衣长向上吊起，左右搭门在下摆处过分重叠；从侧面观察其着装状态可以发现，由于胸部的挺出，腋窝水平线以上部分比正常体要长，故上衣前短、后长，在袖子后侧会出现皱褶，袖子的机能性也相应降低；从后面观察发现，背部出现多余的松量，后领窝处出现横向皱纹（图 5-14）。

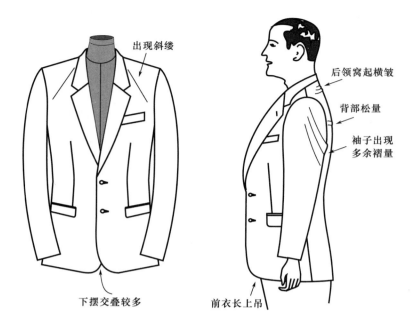

出现斜缕

后领窝起横皱

背部松量

袖子出现
多余褶量

下摆交叠较多

前衣长上吊

图 5–14 挺胸体型的着装状态

（一）分析着装时产生的弊病与挺胸体型的关系

挺胸体型的体型特征：挺胸体型亦称反身体。从侧面观察，挺胸体型的人体中心体轴向后倾，胸部向前凸起，头部、脖颈向后仰，手臂稍向后，手腕的位置也随之后移，身体较厚，前胸宽较宽，后背宽较窄。与标准体型相比，前身长较长，后身长较短，颈侧点位置后移。

问题1：在前身上从胸侧至颈侧点斜向产生斜缕。

原因：因挺胸体型的人体上半身身体后仰，造成前胸廓弧线比正常体型前胸廓弧线长，产生弊病的原因是西服的胸围线至颈侧点之间的距离较短。

问题2：前衣长向上吊起，左右搭门在下摆处过分重叠。

原因：与标准体型相比，挺胸体型的人体中心体轴向后倾，胸部向前凸起，使前身长较长，后身长较短，若穿着按照常规制图法设计出的西服，前衣长就会向上起吊。

问题3：背部出现多余的松量，后领窝处出现横向皱纹。

原因：与标准体型相比，挺胸体型的人体中心体轴向后倾，头部、脖颈向后仰，人体从后领窝到后背胸围线之间的距离缩短，故按照常规制图法设计出的西服穿着在挺胸体型的人体上，西服的后背就会出现皱纹。

问题4：袖子后侧出现皱褶。

原因：与标准体型相比，挺胸体型的人体中心体轴向后倾，手臂稍向后，手腕的位置也随之后移，故按照常规制图法设计出的西服袖子穿着在挺胸体型的人体上，由于手臂后压就会在袖子后侧出现皱褶。

（二）样板补正

使用挺胸体型的尺寸，按照常规制图法设计出的西服衣身样板进行样板补正。

1. 挺胸体型衣身样板补正（图5-15）

前身：由于挺胸体型的人胸部很厚，所以图中 $N \sim D$、$N \sim F$ 之间的尺寸不足。在样板订正时，将前身衣片样板的胸围线位置从前中心向袖窿的方向切开，按图中标示的箭头方向使样板展开0.8cm，则颈侧点 N 向上、向后移动，加长了 $N \sim D$、$N \sim F$ 之间的距离，补充了前衣长不足的量，同时，也补充了前胸宽。

后身：由于人体后倾，$O \sim B$ 之间的尺寸有余，产生皱纹，故要在后身样板上分别沿背宽线和胸围线，从后中心向袖窿的方向剪开，按照图5-15中箭头方向分别折叠0.3cm，缩短后领中心 O 点到后中心 B 点之间的距离，使 M 点及领窝下移。同时也削去了后身 $M \sim B$ 之间多余的部分，这样就可以防止背部出现皱纹。

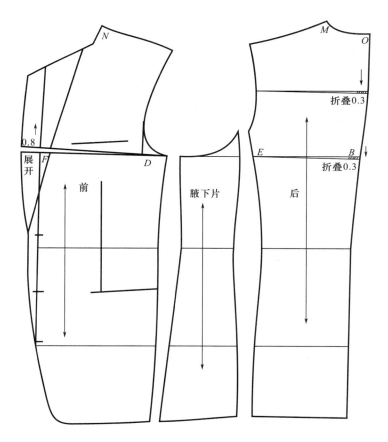

图5-15 挺胸体型衣身样板补正

2. 挺胸体型袖子样板补正（图5-16）

使用挺胸体型的尺寸，按照常规制图法设计出的西服袖子样板进行样板补正。

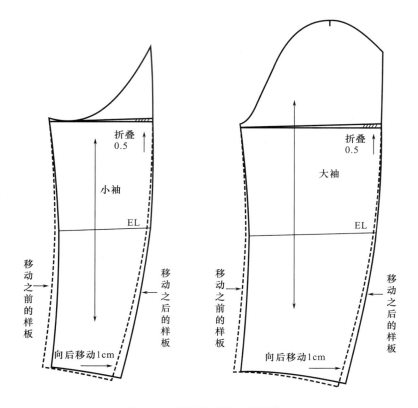

图 5-16　挺胸体型袖子样板补正

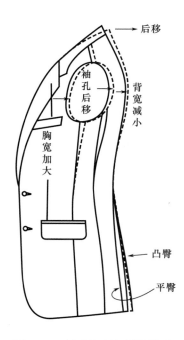

图 5-17　标准体型与挺胸体型
款式造型的变化

补正方法一：将袖山中点向后移动 0.5cm。

补正方法二：沿着大小袖片的袖肥线，从袖外缝向袖内缝的方向剪开，按图 5-16 中箭头方向折叠 0.5 ～ 1.3cm，使袖口位置向后移动，减少袖外缝长度，褶皱便会消失。

图 5-16 中的虚线表示大、小袖移动之前的样板。袖肥处折叠量（0.5 ～ 1.3cm）的大小可根据挺胸体型的挺胸程度确定。

在实际的样板补正过程中，所有的挺胸体型挺胸程度不一定相同，也不会都是单一的挺胸体，也许会遇到"挺胸体＋凸臀体"的体型，或"挺胸体＋平臀体"的体型，在进行样板补正时要考虑挺胸体型的体型特征及产生弊病的原因，按照挺胸体型对样板补正，同时也要考虑臀部的体型特征。标准体型与挺胸体型的关系如图 5-17、图 5-18 所示，是在标准体型基础上，结合特殊体型的特殊部位进行样板补正变化而成的。

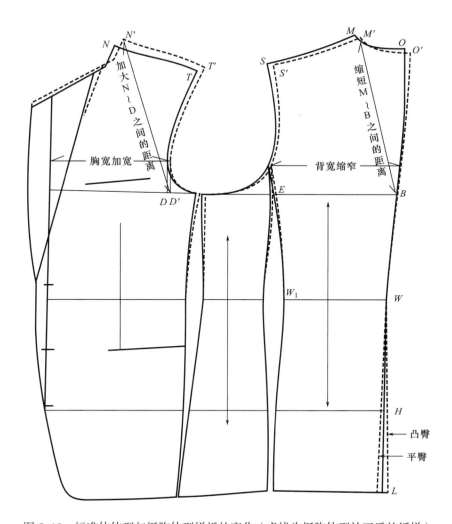

图 5-18 标准体体型与挺胸体型样板的变化（虚线为挺胸体型补正后的纸样）

综上所述，挺胸体型的变化规则：①前袖窿加深；②后袖窿改浅；③前胸宽加宽；④后背宽减小；⑤前身撇胸加大；⑥袖山中点后移。不论挺胸体型的挺胸程度如何，这都是共性。对于挺胸体型来说，不论采用哪种补正方法，都必须通过人体的试穿。单纯地订正一下样板，就可以满足实际需要的想法是不切实际的。

学会运用常规制图法设计出的样板进行特殊体型的样板补正是非常重要的。虽然人体存在种种差异，但产生皱纹弊病及样板补正的原理有一定的规律性。在样板补正的具体操作时，样板的展开或折叠的大小及位置，一定由具体情况所决定，或根据人体测量的有关数据来确定。

案例二 驼背体型男西服样板补正

驼背体型的人穿着使用常规制图法设计出的西服时，从正面观察其着装状态发现，西服前身系上纽扣后，从袖窿向前中心的方向出现斜缕，前衣身止口豁开，服装的两侧向后身跑；从侧面观察，由于身体向前弯曲，上衣出现前长、后短的现象，在袖子前侧会出现褶皱；从后面观察发现，后领远离脖颈，背部余量不够，后背开衩会重叠或后衣身的下摆上翘（图5-19）。

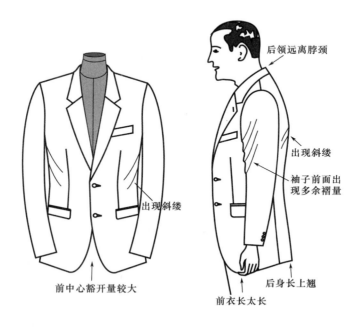

图 5-19　驼背体型的着装状态

（一）分析着装时产生的弊病与驼背体型的关系

驼背体型的体型特征：驼背体型亦称屈身体，是由于脊柱过度弯曲造成的。从侧面观察驼背体型的特征是：后背明显凸出，肩胛骨向前弯曲，背部较圆，人体上部向前倾斜，形如俯身，中心体轴向前倾。与标准体型相比，头部、脖颈、背部向前倾斜，N点向前移动，手臂稍向前，手腕的位置也随之向前身移动，前胸宽较窄，后背宽较宽。故前身长较短，后身长较长，颈侧点位置前移。驼背体型的人通常溜肩、平臀的较多。

问题1：从袖窿向前中心的方向出现斜缕，前衣身止口豁开。

原因：因驼背体型身体向前弯曲，造成人体前胸廓弧线比正常体型前胸廓弧线短，产生弊病的原因是西服的胸围线至颈侧点之间的距离较长。

问题2：上衣着装状态出现前长、后短的现象。

原因：与标准体型相比，驼背体型的人体中心体轴向前倾，胸部弯曲，使前身长变短，后身长变长，按照常规制图法设计出的西服穿着在驼背体型的人体上，衣服就会出现前长、后短的现象。

问题3：后领远离脖颈，背部余量不够。

原因：与标准体型相比，驼背体型的人体中心体轴向前倾，背部隆起，头部、脖颈前俯，造成人体从后领窝到后背胸围线之间的距离变长，故按照常规制图法设计出的西服穿着在驼背体型的人体上，就会出现后领远离脖颈、后背余量不够的现象。

问题4：袖子前侧出现褶皱。

原因：与标准体型相比，驼背体型的人体中心体轴向前倾，手臂稍向前，手腕的位置也随之前移，故穿着按照常规制图法设计出的西服时，由于手臂向前压就会在袖子前侧出现褶皱。

（二）样板补正

使用驼背体型的尺寸，按照常规制图法设计出的西服衣身样板进行样板补正。

1. 驼背体型衣身样板补正（图5-20）

前身：由于驼背体型的人背部弯曲，使胸部前弯，所以在图5-20中 $N \sim D$、$N \sim F$ 之间的尺寸太长，与体型不符。在样板补正时，将前身衣片样板的胸围线位置从前中心向

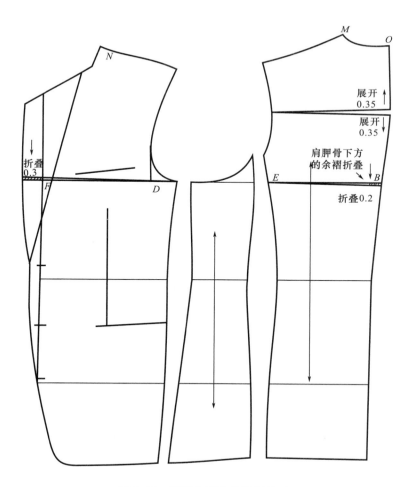

图5-20 驼背体型衣身样板补正

袖窿的方向切开，按图中标示的箭头方向使样板折叠 0.3 ~ 0.8cm 的量，则颈侧点 N 向下、向前移动，缩短了 N ~ D、N ~ F 之间的距离，减去了前衣长多余的量，同时，也减少了前胸宽。

后身：由于人体前倾，背部弯曲，颈侧点前移，在样板中 O ~ B 之间的尺寸不足，着装后就会产生后领窝远离脖颈，背部紧绷的外观，故在后衣身的样板补正时，要沿背宽线和胸围线这两条线，从后中心向袖窿的方向剪开，按照图 5-20 中箭头方向在背宽线上展开 0.35cm，在胸围线上折叠肩胛骨下方的余皱，增长后领中心 O 点到后中心 B 点之间的距离，使 M 点及领窝上移。

2. **驼背体型袖子样板补正**（图 5-21）

使用驼背体型的尺寸，按照常规制图法设计出的西服袖子样板进行样板补正。

补正方法一：将袖山中点向前移动 0.5cm。

补正方法二：沿着大小袖片的袖肥线，从袖外缝向袖内缝的方向剪开，按图中箭头方向展开 0.7 ~ 1.3cm，使袖口位置向前移动，增加袖外缝长度，褶皱便会消失。

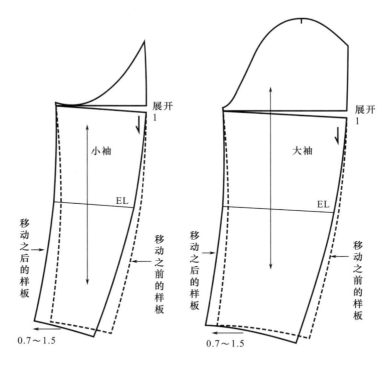

图 5-21　驼背体型袖子样板补正

案例三　平肩体型男西服样板补正

平肩体型的人穿着使用常规制图法设计出的西服时，从正面观察其着装状态发现，西服前身系上纽扣后，从肩端向驳口的方向出现斜缕，颈根处起空，前衣身下摆止口豁开；

从后面观察，后身在领中心的位置涌起，出现褶皱，还有从肩端向后中心方向出现的斜缕（俗称倒八字）（图5-22）。

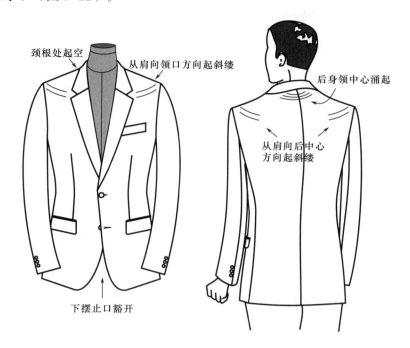

颈根处起空　　从肩向领口方向起斜缕

后身领中心涌起

从肩向后中心方向起斜缕

下摆止口豁开

图 5-22　平肩体型的着装状态

（一）分析着装时产生的弊病与平肩体型的关系

平肩体型的体型特征：平肩体型亦称端肩体型、耸肩体型。男子肩的倾斜度为19°～20°，肩的倾斜度小于平均值的属于平肩体型。

问题1：从肩端向驳口的方向出现斜缕，颈根处起空，前衣身下摆止口豁开。

原因：因平肩体型肩部的倾斜度较小，位于人体肩端点处的衣服被肩骨抬起，所以会出现从肩端向驳口方向的斜缕，颈根处会有空瘪的感觉，也就是颈根处起空，从而使前衣身下摆止口豁开。

问题2：后身在领中心的位置涌起，出现褶皱。

原因：因平肩体型肩部的倾斜度较小，位于人体肩端点处的衣服被肩骨抬起，造成后领中心处的长度过长，故而会在后身领中心的位置涌起，出现褶皱。

问题3：从肩端向后中心方向出现斜缕。

原因：因平肩体型肩部的倾斜度较小，位于人体肩端点处的衣服被肩骨抬起，肩部的余量不足，从而形成了从肩端向后中心方向出现的斜缕（也称倒八字）。

（二）样板补正

使用平肩体型的尺寸，按照常规制图法设计出的西服衣身样板进行样板补正。

平肩体型衣身样板补正（图 5-23）：由于平肩体型的人肩部倾斜度小，肩部较平，所以在图 5-23 中前片 N ~ T、后片 M ~ S 之间的倾斜度较大，制作出的肩部造型与体型不符。在样板补正时，将整个袖窿按照图 5-23 那样切开，并平行向上移动 1cm 的量，然后订正前、后肩线，这样 T、S 点上移，同时袖窿深也抬高了。

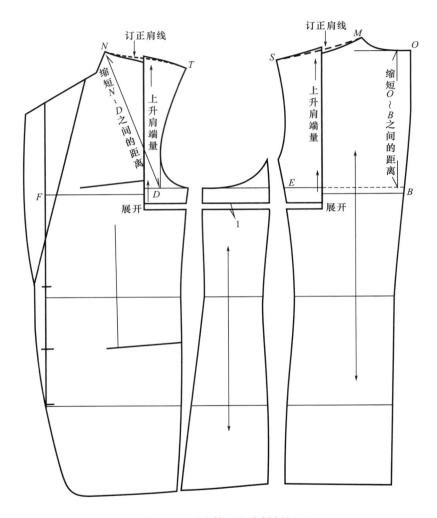

图 5-23　平肩体型衣身样板订正

上述平肩体型在样衣试穿时易出现的弊病，也许会在正常体进行样衣试穿时出现，不要一看到在样衣试穿时出现了平肩体型易出现的弊病，就断定此人体为平肩体型，要仔细分析产生弊病的原因，因为有多种情况会导致上述类似的问题，如：

（1）样板制作者在测体时没有观察到被测者是平肩体型；或已观察到，在制图时考虑不够周全，或对被测者肩的倾斜度分析不到位。

（2）样板制作失误，肩线的倾斜度设计过大。特别是后肩线斜度较大时，会出现上述症状。

案例四　溜肩体型男西服样板补正

溜肩体型的人穿着使用常规制图法设计出的西服时，从正面观察其着装状态发现，西服前身系上纽扣后，袖窿的下方有压迫感，出现斜缕，前衣身下摆止口重叠较多；从后面观察，从颈侧点向袖窿方向起斜缕（俗称八字形褶皱）（图5-24）。

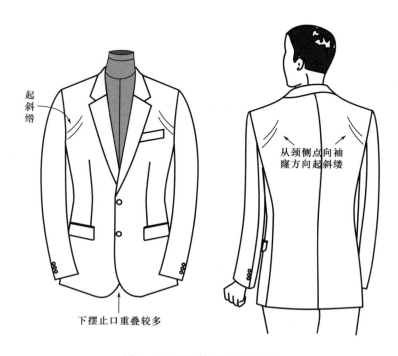

图5-24　溜肩体型的着装状态

（一）分析着装时产生的弊病与溜肩体型的关系

溜肩体型的体型特征：溜肩体型亦称美人肩体型、斜肩体型。男子肩的倾斜度为19°～20°，肩的倾斜度大于平均值的属于溜肩体型。

问题1：前身袖窿的下方有压迫感，出现斜缕，前衣身下摆止口重叠较多。

原因：因溜肩体型肩部的倾斜度较大，位于人体肩端点处的衣服没有有效的支撑点，造成肩部起空、下沉，所以会在前袖窿出现斜缕，从而使前衣身下摆止口重叠量增大。

问题2：后身从颈侧点向袖窿方向起斜缕（八字形褶皱）。

原因：因溜肩体型肩部的倾斜度较大，位于人体肩端点处的衣服没有得到有效的支撑，衣服肩部的余量太多，从而形成了后身从颈侧点向袖窿方向起的斜缕。

（二）样板补正

使用溜肩体型的尺寸，按照常规制图法设计出的西服衣身样板进行样板补正。

溜肩体型衣身样板补正：由于溜肩体型的人肩部倾斜度大于正常体型肩部的倾斜度，所以在样板中前片 $N \sim T$、后片 $M \sim S$ 之间的倾斜度没有溜肩体的倾斜度大，制作出的肩部造型与溜肩体型不符。在样板补正时，将整个袖窿按照图 5-25 那样切开，并平行向下移动 0.5 ~ 1cm 的量，然后订正前、后肩线，这样 T、S 点下移，同时袖窿深也降低了。

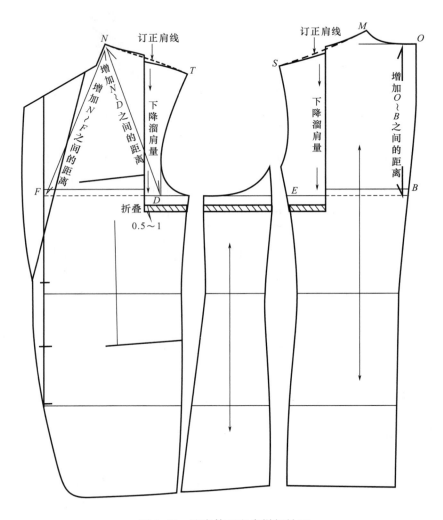

图 5-25　溜肩体型衣身样板补正

案例五　高低肩体型男西服样板补正

以左低右高体型为例。

高低肩体型的人穿着使用常规制图法设计出的西服时，从正面观察其着装状态发现，西服前身系上纽扣后，右侧正常没有弊病，左侧袖窿的下方有压迫感，出现斜缕；从后面观察，与前身相对应的右侧正常，没有弊病，而左侧从颈侧点向袖窿方向起斜缕（俗称八字形褶皱），如图 5-26 所示。

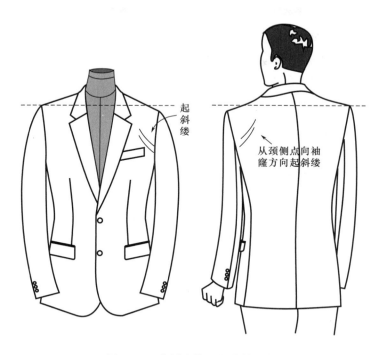

图 5-26 高低肩体型的着装状态

（一）分析着装时产生的弊病与高低肩体型的关系

高低肩体型的体型特征：高低肩体型是一侧肩高，另一侧肩低，左右两边肩的倾斜度不同。高低肩体型包括左高右低，左低右高两种。

问题 1：前身右侧正常，没有弊病，左侧袖窿的下方有压迫感，出现斜缕。

原因：左右两侧肩的倾斜度不同，因左侧肩部的倾斜度大于右侧，左侧肩部属于溜肩体型，位于左肩端点处的衣服没有有效的支撑点，造成肩部起空、下沉，所以会在前袖窿出现斜缕。

问题 2：与前身相对应的右侧正常，没有弊病，而左侧从颈侧点向袖窿方向起斜缕。

原因：与前身袖窿处出现弊病的原因相同，因左侧肩部的倾斜度较大，位于人体左侧肩端点处的衣服没有得到有效的支撑，衣服后身肩部的余量太多，从而形成了后身从颈侧点向袖窿方向起的斜缕。

（二）样板补正

使用高低肩体型的尺寸，按照常规制图法设计出的西服衣身样板进行样板补正。

（1）按照溜肩体型样板补正方法对左侧样板进行补正。

（2）样板可以不补正，因按照溜肩体型补正后的样板，制作成服装穿着在人体上，弊病是消失了，但会使穿着者高低肩的体型更为明显。

为使外观造型漂亮，可采用体型补正的方法：左右肩部使用不同厚度的垫肩，左侧使用的垫肩增加厚度，达到与右侧肩部相同的效果。

以上案例选用了几种常见的体型，都是对具体的体型进行的样板补正，但并不能包含所有人体的体型，比如"复合式"体型，驼背＋凸肚、挺胸＋翘臀的体型。在进行"复合式"体型的样板补正时，要根据"复合式"体型特征，结合服装试穿时出现的弊病，综合分析，制订合理的样板补正方案。

特殊体型穿着按照常规制图法设计出的服装会产生着装弊病，而正常体型的人穿着裁制不当的服装同样会产生着装弊病。无论是什么体型，只要服装不符合穿着者的体型，均会产生这样或那样的着装弊病。一旦产生弊病，就应当消除。因此，不但要学会纠正服装弊病的技巧，还要掌握能避免发生服装弊病的预防措施，这样才能根据不同体型及产生的主要着装弊病对样板进行补正。

讲练结合——

旗袍

课程名称：旗袍

课程内容： 1. 旗袍基本知识

2. 圆襟无袖旗袍结构制图与样板

3. 旗袍试穿与样板补正

4. 圆襟短袖旗袍结构制图

5. 长襟长袖旗袍结构制图

6. 工作案例分析——旗袍

上课时数： 40课时

教学提示： 介绍旗袍的变迁与发展；讲解旗袍的分类、款式造型、局部款式设计及材料的选用；讲解圆襟旗袍结构制图原理及样板制作方法，旗袍的排板方法及要求；讲解旗袍假缝试穿要求及样板补正技术；讲解圆襟短袖旗袍结构制图原理及样板制作方法；讲解长襟长袖旗袍结构制图原理及样板制作方法；按照企业的工作程序讲解旗袍的制板过程及操作方法。

教学要求： 1. 使学生了解旗袍的概念，正确掌握旗袍的测体方法及要求。

2. 选取最具代表性的旗袍款式，从领子、袖子及身片结构的变化层面讲解旗袍的制板，使学生了解旗袍的制图原理及方法。

3. 要求学生通过实践这些经典款式的制板，能够举一反三，独立完成其他变化型旗袍款式的结构设计及样板制作。

4. 讲解各种不同体型试穿旗袍的案例，使学生掌握旗袍补正方法及技术。

5. 使用实际测量的人体尺寸，进行旗袍结构制图、试穿补正、样板补正及样板制作练习。

6. 讲解服装企业工作案例，使学生了解旗袍产品开发的过程和要求，从而更好地应用旗袍结构设计的知识，为企业进行旗袍产品的开发服务。

课前准备： 选择经典的旗袍作为案例，调研旗袍最新流行款式，以文字讲解结合图像介绍的方式，使学生从基本款式与设计方法等方面来认识旗袍，了解旗袍款式结构及造型的变化；课前准备旗袍着装人台；旗袍样衣；常用测量工具、制图工具及男西服常用面料；旗袍教学课件；旗袍视频资料；学生查找的旗袍相关资料；学生准备上课使用的制图工具（1：4）比例尺、笔记本及学生实际操作使用的制图工具（1：1）样板尺、样板纸。

第六章　旗袍

第一节　旗袍基本知识

一、旗袍的概念

旗袍是近现代中国女性穿着的一种长袍，其式样从满族妇女的袍子改制而成，故称旗袍。20世纪20年代被视为旗袍流行的起点，30年代达到顶峰状态，很快从发源地上海风靡至全国各地，它以其流动的旋律、潇洒的画意和浓郁的诗情，表现出中华女性贤淑、典雅、温柔、清丽的性情与气质。从遮掩身体的曲线到显现玲珑突兀的女性美，旗袍彻底摆脱了旧有模式，成为独具中国特色的女性着装。我们现在所看到的旗袍可谓是东西方文化融合的典范，不但保留了东方女性贤淑、高贵、优雅的特质，而且西方女性所推崇的人体美也表现得恰到好处。

二、旗袍的发展及演变

清朝统一后，开始强制实行服制改革，掀起了一场声势浩大的剃发易服浪潮，律令之严，攸关性命。传统的冠戴衣裳几乎全被禁止。相传千年的上衣下裳服饰形制只被保留在汉族女子家居着装中，庆典场合不分男女都要着袍。从字义解释，旗袍泛指旗人（无论男女）所穿的长袍，不过只有八旗妇女日常穿着的长袍才与后世的旗袍有着血缘关系。

清朝的统治者强调满语骑射，力图保持其固有的生活习俗和穿着方式，一方面要用满族的服饰来同化汉族人，同时又严禁满族及蒙古族妇女仿效汉族装束。清中期，满汉各有仿效；到了清代后期，满族效仿汉族的风气日盛，甚至出现了"大半旗装改汉装，宫袍截作短衣裳"的情况。而汉族仿效满族服饰的风气，也于此时在一些达官贵妇中流行起来。满汉妇女服饰风格的相互交融，使双方服饰差别日益缩小，遂成为旗袍流行全国的前奏。

清朝后期，旗女所穿的旗袍，衣身较为宽博，造型线条平直硬朗，衣长至脚踝。元宝领应用很普遍，领高盖住腮，触及耳垂，袍身多绣以各色花纹，领袖襟裾都有多重宽阔的滚边。至咸丰同治年间，镶滚达到高峰时期，旗女袍服的装饰之烦琐，到了登峰造极的境地。

"中学为体，西学为用"的救国方略实施以后，洋装的输入，直接影响了社会服饰文化的变更，旗袍演化为融贯中西服饰文化的新款型也由此开始。

辛亥革命时期，废除帝制，创立"中华民国"，剪辫发，易服色，摧枯拉朽，把属于封建朝代的冠服等级制度送进了历史博物馆，这一切为新式旗袍的诞生创建了条件。20世纪早期，受日本文化的影响，"文明新装"开始流行，女学生、女教师爱穿的黑色裙成为时尚。旗袍文化完成于20世纪30年代，30年代属于旗袍的黄金时期。30年代后期出现的改良式旗袍又在结构上吸取了西式裁剪方法，使袍身更加紧身合体，旗袍虽脱胎于清旗女长袍，但已迥然不同于旧制，成为兼收并蓄中西服饰特色的近代中国女子的标准服装。

20世纪40年代的旗袍，出于经济、实用，便于活动的功能考虑，不再复制30年代衣边扫地的奢靡之风，长度缩短至小腿中部，高时到膝盖处。炎夏季节多倾向于取消袖子，减低领高，省去了种种的烦琐装饰，使其更为简便、适体，从而形成了40年代旗袍独特的风格。此时普遍兴起的国货运动，使旗袍在面料的使用上也颇具特色。40年代中期的旗袍还引进了两种服饰配件——垫肩和拉链。把传统盘香纽、直角纽换成拉链，也成为当时的时尚之一（现代用作礼服的旗袍大多还是钟情于老派的盘香纽）。

中华人民共和国成立后人民当家做主，这时的旗袍比以前增添了健康、自然的气质。不妖媚、不纤巧、不病态，符合当时美观大方的标准，而且更为实用、经济。20世纪60～70年代是旗袍的断档期。到了80年代，出现了一种具有职业象征意义的"制服旗袍"。为了宣传和促销等目的，礼仪小姐、迎宾小姐及娱乐场所和宾馆餐厅的女性服务员都穿起了旗袍。90年代以来，高挑细长平肩窄臀的身材为人们所向往，作为最能体现中国女性身材和气质的中国时装代表——旗袍，再一次吸引了人们的目光，受到广大女性的青睐。还有不少国外服装设计师以旗袍为灵感，把中国旗袍和欧洲晚礼服等世界服饰文化相结合，推出了具有国际风味的旗袍。

进入21世纪，不少追求时尚的人们再次热衷旗袍。总之，旗袍是中国妇女的传统服装，是中华服饰的典范。它既有沧桑变幻的往昔，更拥有焕然一新的现在。它追随着时代，承载着文明，显露着修养，体现着美德，演化为天地间一道绚丽的彩虹，具有不可否认的历史意义。现代社会，虽然穿旗袍的人不多，但现代服装设计中不少服装融入了旗袍的传统韵味，我们能够感受到旗袍在人们心目中的认可与不舍，感受到文化血脉的传承。

三、旗袍的分类

旗袍的外观特征一般要求全部或部分具有以下特征：右衽大襟的开襟或半开襟形式，立领盘扣、摆侧开衩，单片衣料、衣身连袖的平面裁剪等。古代旗袍大多采用平直线条，衣身宽松，两侧开衩，胸腰围度与衣裙的尺寸比例较为接近，纯手工制作，各种刺绣、镶、嵌、滚等工艺非常普遍。近代旗袍进入了立体造型时代，衣片上出现了省道，腰身更为合体并配上了西式的装袖，手工制作工艺减少。

1. 旗袍门襟的种类
旗袍门襟的种类如图6-1所示。

2. 旗袍领子的种类
领子除领型的变化以外，还有高领、低领、无领等，如图6-2所示。

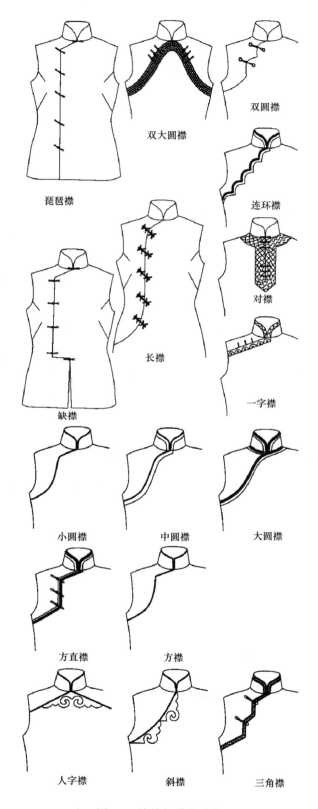

双大圆襟

双圆襟

琵琶襟

连环襟

对襟

长襟

一字襟

缺襟

小圆襟

中圆襟

大圆襟

方直襟

方襟

人字襟

斜襟

三角襟

图6-1　旗袍门襟的种类

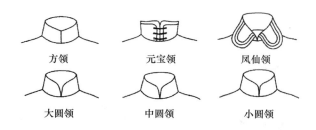

图6-2　旗袍领子的种类

3. 旗袍袖子的种类

旗袍的袖型主要有宽袖、窄袖、长袖、中袖、短袖和无袖。

4. 旗袍开衩的种类

旗袍开衩有高位开衩、低位开衩、普通开衩等。

另外，旗袍还有长旗袍、短旗袍、夹旗袍、单旗袍、棉旗袍等。

四、旗袍的材料

旗袍品种繁多，在选择材料时，应注意以下几点：

1. 要根据自己穿着需要而定

例如，结婚礼服用旗袍，在选料时要求不仅面料质地上乘，而且色泽鲜艳夺目，充满喜庆色彩；迎宾赴宴礼服旗袍应选择高级华贵，色彩柔和大方，外观稳重而高雅的材质；便服旗袍选材可随心所欲，突出个性及体型美，穿着舒服大方即可。

2. 旗袍面料的选择非常广泛

日常穿用的旗袍，在夏季可选择纯棉印花细布、印花府绸、色织府绸、什色府绸、各种麻纱、印花横贡缎、提花布等薄形织物；自制的短旗袍，轻盈、凉爽、美观、实用，可选择镂空面料、花边材料及镶嵌珠片亮片的装饰性材料。春秋季可选择化纤或混纺织物，如各种闪光绸、涤丝绸以及各种薄型花呢等，这些织物虽然吸湿性透气性差，但其外观比棉织物挺括平滑、绚丽悦目，在不冷不热的季节穿用很适合。

3. 面料要讲究

如果是夏季穿着的旗袍宜选双绉、绢纺、电力纺、杭罗等真丝织物。这些织物质地柔软、轻盈不沾身、舒适透凉。春秋季穿用的旗袍面料，应选择各种缎和丝绒类，如织锦缎、古香缎、金玉缎、纩缎、乔其立绒、金丝绒等，这些高级面料制作的旗袍能充分表现东方女性体形美，点线突出、丰韵而柔媚、华贵且高雅，如果在胸、领、襟等处稍加点缀装饰，旗袍更加光彩夺目。

五、旗袍的盘扣

旗袍的盘扣多为纯手工制作，可以单色或双色搭配，其精美细腻尽显东方女性之神韵。用于旗袍、唐装、戏服、古典服装的高档盘扣，多以绸缎为原料，高质浆糊为糊料，铜丝为布芯，不易变形，经典怀旧，做工精美（图6-3）。

图6-3　旗袍的盘扣

六、旗袍的边饰

旗袍的边饰也是旗袍设计的重点之一，通常旗袍的领子、袖子、门襟、下摆边、开衩等处都有大小不等、宽窄不一、单层或多层的包边（滚边）、镶滚边等形式各异的边饰（图6-4）。

图6-4　旗袍的边饰

七、旗袍的尺寸

市场上成衣旗袍的规格尺寸是按大众化的身材体型量制的。由于每个人的身材都有自己的特殊性，而旗袍又是趋于紧身、合体性强的服装，故尺寸规格是选购旗袍的重要指标。另外，旗袍一般都需要有试穿环节，在试穿时应仔细观察"三围"及"三宽"是否贴体舒适，其次还要观察领子、衣身、袖子的长度与肥瘦等是否符合设计意图。

1. 旗袍成衣尺寸参考数据（表6-1）

表6-1　旗袍成衣参考尺寸表　　　　　　　　　　　　　　　单位：cm

尺寸名称 \ 号型	SS	S	M	ML	L	LL	3L	4L
胸围	79	83	87	91	95	99	103	107
腰围	59	63	67	71	75	79	83	87
臀围	84	88	92	96	100	104	108	112
领围	36	37	38	39	40	41	42	43
肩宽	37	38	39	40	41	42	43	44
胸高	25	25.5	26	26.5	27	27.5	28	28.5

续表

尺寸名称 \ 号型	SS	S	M	ML	L	LL	3L	4L
前腰节	38	38.5	39	39.5	40	40.5	41	41.5
后腰节	36	36.5	37	37.5	38	38.5	39	39.5
袖长	18	18	18	18	18	18	18	18
袖口围	27	28.5	30	31.5	33	34.5	36	37.5

2. 旗袍衣长的参考数据（身高与衣长的参考比例标准）（表6-2）

表6-2　旗袍衣长参考尺寸表　　　　　　　　单位：cm

身高	145～150	150～155	155～160	160～165	165～170	170～175	175～180	180～185
长款旗袍（到脚踝）	123	127	131	135	139	143	147	151
中款旗袍（到小腿）	110	114	118	122	126	130	134	138
短款旗袍（到膝高）	98	102	106	110	114	118	122	126
迷你旗袍（超短）	84	88	92	96	100	104	108	112

3. 旗袍开衩参考数据（身高与开衩长度的参考比例标准）（表6-3）

表6-3　旗袍开衩参考尺寸表　　　　　　　　单位：cm

身高	145～150	150～155	155～160	160～165	165～170	170～175	175～180	180～185
长款旗袍（到脚踝）	52	55	58	61	64	67	70	73
中款旗袍（到小腿）	39	42	45	48	51	54	57	60
短款旗袍（到膝高）	27	30	33	36	39	42	45	48
迷你旗袍（超短）	5	6	7	8	9	10	11	12

第二节　圆襟无袖旗袍结构制图与样板

一、设计说明

　　此款旗袍为立领、圆襟、无袖，两侧开衩的样式。为了更加合身适体，设有袖窿省、腋下省和腰省。旗袍右侧缝为装拉链或者开襟钉盘扣的样式。关于此款旗袍的长度，长款长至脚踝；中长款长至小腿（膝围线以下）；短款则长至大腿（膝围线以上），如图6-5、图6-6所示。

图6-5　旗袍效果图

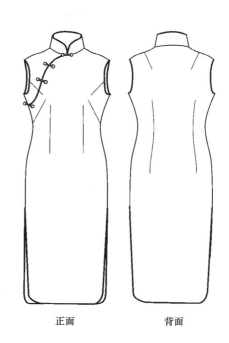

正面　　　　　　　背面

图6-6　旗袍款式图

二、材料使用说明

面料：140cm幅宽，用量衣长+20cm（余量）。

90cm幅宽或110cm幅宽，用量衣长×2+20cm（余量）。

三、旗袍的量体方法

（1）旗袍长：从第七颈椎点沿人体后中心量至所需穿着长度。

（2）胸围：立姿，自然呼吸，胸部最丰满处的水平围度，普通面料至少加放6cm松量。

（3）腰围：立姿，腰部最细处（腰节）的水平围度，普通面料至少加放4cm松量。

（4）臀围：立姿，臀部最丰满处的水平围度，普通面料至少加放4cm松量。

（5）大肩宽：由左肩外端经第七颈椎点量至右肩外端，可根据款式要求增加或减少。

（6）背长：从第七颈椎点量至腰部最细处。

（7）前腰节：立姿，从颈侧点经胸高点到腰围线的距离。

（8）后腰节：立姿，从颈侧点经肩胛骨到腰围线的距离。

（9）领围：沿脖颈围量一周。

（10）袖长：手臂自然下垂，从肩端点沿手臂形状量到所需要的长度，注意根据款式要求增减长度。

（11）袖口围：短袖款式，测量上臂围；长袖款式：测量手腕围，按需要加放松度。

四、规格尺寸（表6-4）

表6-4　旗袍规格尺寸表

单位：cm

规格尺寸 ╲ 部位	后衣长	胸围	腰围	臀围	领围	大肩宽	背长
型号165/84A	142	90（84+6）	70（66+4）	95（91+4）	37	39	39

五、结构制图

（一）大身结构制图

前后身原型的定位：由于旗袍结构紧身适体，为了充分表现人体形态，应将前后身原型放置在一条水平线上。这是紧身适体类服装制板时常用的原型定位方法。衣身按照由整体到局部的顺序制图。

1. 确定前后原型放置的位置

前后身原型放置在同一水平线上如图6-7所示。

2. 绘制衣长、前后中心线、腰围线（WL）、臀围线（HL）

旗袍衣长应根据自己的身高和审美习惯而定，一般长款约为142cm，中长款约为105~115cm。旗袍的腰围线在原型腰围线的基础上，向上抬高2cm（图6-7）。

3. 绘制领口、肩宽、袖窿、衣身宽度

胸围、腰围、臀围的尺寸按照成品规格取值，注意前后有互借量（图6-8）。

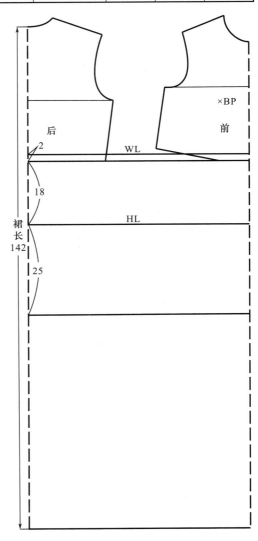

图6-7　原型定位、旗袍框架构成

4. 绘制细部结构

绘制细部结构包括肩省、腰省、腋下省、下摆、门襟及开衩位置（图6-9）。袖窿省和腋下省的大小及位置要均衡。旗袍开衩的位置要考虑个人喜好，一般长旗袍长至脚踝，在无特殊要求的情况下，旗袍开衩高至臀围线下24cm；中长旗袍长至膝盖下，开衩高至臀围线下18cm；短旗袍长至大腿中部，开衩高至臀围线下15cm；还有旗袍的高位开衩，开衩高至臀围线上。

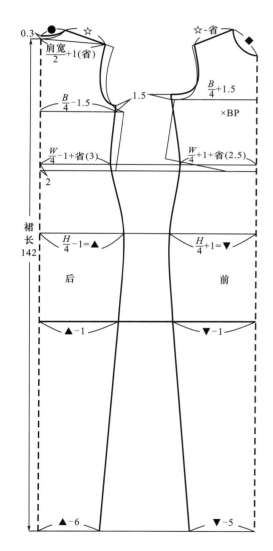

图6-8　旗袍领口、肩宽、袖窿、衣身宽度的绘制

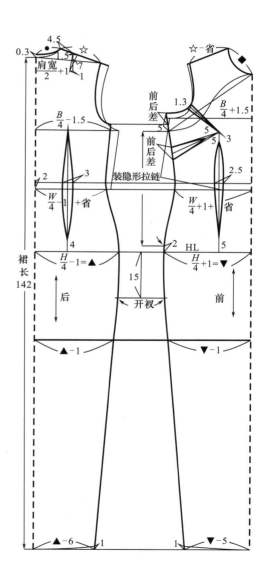

图6-9　旗袍细部结构的绘制

5. 绘制前、后衣身轮廓线（图6-10）

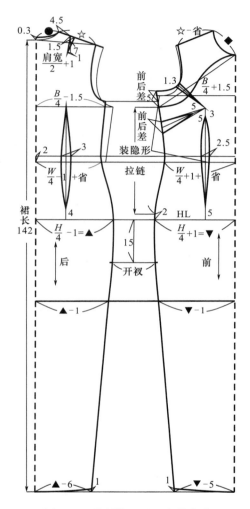

图6-10 绘制前、后衣身轮廓线

（二）领子结构制图（图6-11）

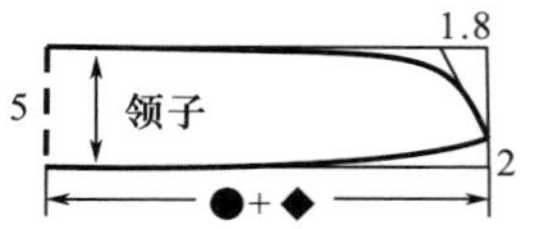

图6-11 旗袍领子结构制图

六、样板制作

1. 净样板及主要部位样板订正（图6-12~图6-14）

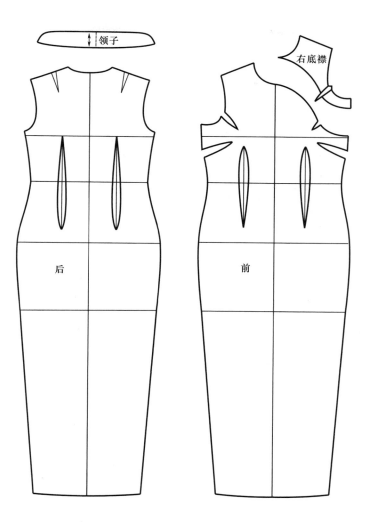

图6-12　旗袍净样板

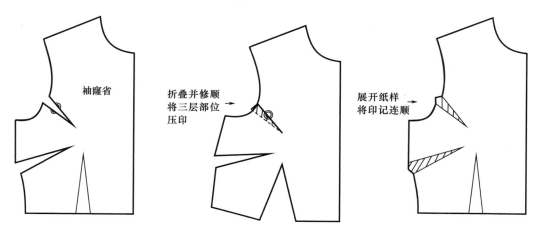

图6-13

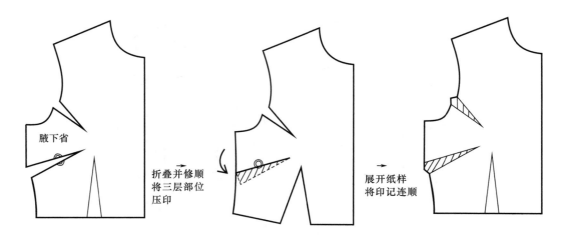

腋下省

折叠并修顺
将三层部位
压印

展开纸样
将印记连顺

图6-13　袖窿省、腋下省的订正

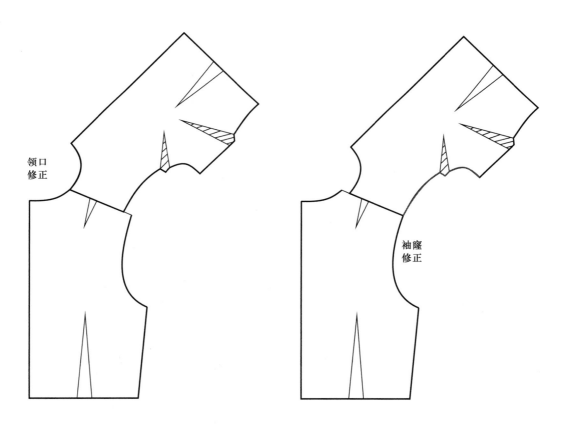

领口
修正

袖窿
修正

图6-14　领口、袖窿订正

2. 旗袍毛样板（图6-15）

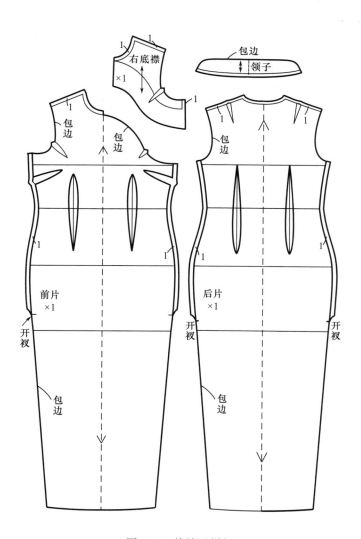

图6-15　旗袍毛样板

3. 旗袍排板与裁剪（图6-16）

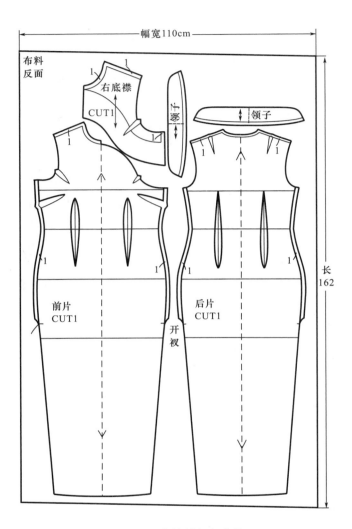

图6-16 旗袍排板与裁剪

第三节 旗袍试穿与样板补正

板型补正是服装制板中必然会遇见的难题。由于人体并非都是标准的，所以制板前的量体及制板后的板型调整就成了解决服装结构变形、异常，减少不良褶皱及紧绷现象的关键，因此，板型补正是高级板型师的必学技法。尤其对旗袍这种突出人体体表曲线的服装，样板试穿补正非常关键。

一、前身侧腰处有斜缕

分析：当着装者的上半身体型是挺胸体、胸部非常丰满或者属于胸高的体型时，穿着正常体的旗袍易产生这种现象。

订正方法：将侧缝省量加大、加长前腰节尺寸、追加前衣长（图6-17）。

二、前身肩部产生斜缕

分析：当着装者为挺胸体并且脖颈较粗时，易产生此种现象，是由于颈侧点至前胸围线的尺寸不足所致。

订正方法：将颈侧点向上向后移动，追加领口宽和肩宽尺寸，追加前袖窿深尺寸（图6-18）。

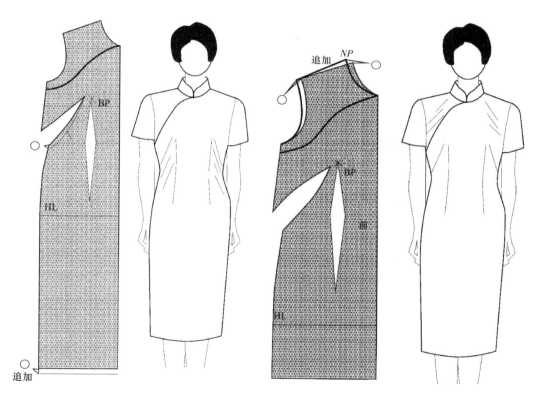

图6-17　前身侧腰处有斜缕　　　　　　图6-18　前身肩部有斜缕

三、背部肩胛处产生横缕

分析：该人体属于背部较扁平，肉薄或挺胸体型。穿上正常体的旗袍后，背中上部易产生横向斜缕，在舞台上模特展示服装时极易出现此类现象。

订正方法：在后片背宽线上或胸围线将多余的缕纹捏住，或水平折叠使后袖窿深变浅（图6-19）。

四、背部产生斜缕

分析：该人体属于后脖颈根部肉厚或肩胛骨突起的体型。

补正方法：追加后领口深度和宽度，追加后颈侧点至胸围线长度不足的尺寸，直至背部斜缕消失为止（图6-20）。

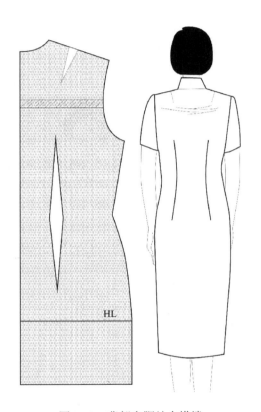
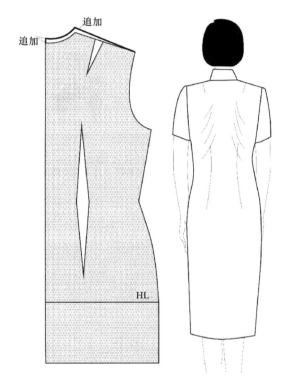

图6-19　背部肩胛处有横缕　　　　　　　图6-20　背部有斜缕

五、大腿部产生斜缕

分析：两腿根部的尺寸比臀围尺寸大，大腿较粗。穿着正常体的旗袍后，因大腿部宽度不足导致两侧缝被拉伸，产生斜绺。

补正方法：在两侧大腿部位追加横向不足的尺寸，裙摆处同时追加，从腰围线至裙摆自然连接画顺（图6-21）。

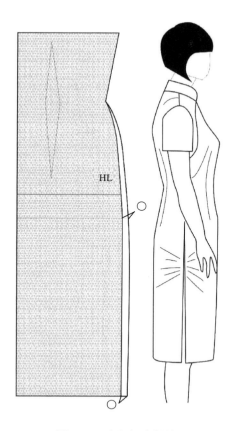

图6-21　大腿部有斜缕

第四节　圆襟短袖旗袍结构制图

一、设计说明

此款旗袍凤仙领、圆襟、短袖，两侧开衩。为了更加合身适体，设有袖窿省、腋下省和腰省。旗袍右侧缝为装拉链或者开襟钉盘扣的样式。关于此款旗袍的长度，长款长至脚踝；中长款长至小腿（膝围线以下）；短款则长至大腿（膝围线以上），如图6-22、图6-23所示。

二、材料使用说明

面料：140cm幅宽，用量衣长+袖长+20cm（余量）。

90cm幅宽或110cm幅宽，用量衣长×2+20cm（余量）。

图6-22　圆襟短袖旗袍效果图

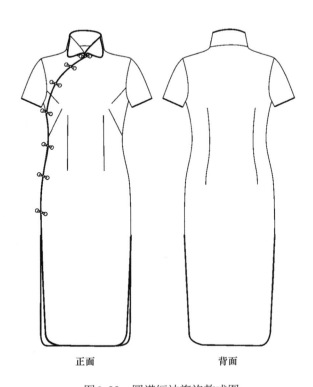

正面　　　　　　　　背面

图6-23　圆襟短袖旗袍款式图

三、规格尺寸

旗袍规格尺寸见表6-5。

表6-5　旗袍规格尺寸表

单位：cm

规格尺寸 ＼ 部位	后衣长	胸围	腰围	臀围	领围	大肩宽	背长
型号165/84A	142	90（84+6）	70（66+4）	95（91+4）	37	39	39

四、结构制图

1. 前后身及领子结构制图（图6-24）

2. 袖子结构制图（图6-25）

由于袖子较短，袖肥的余量相对长袖可减小一些。

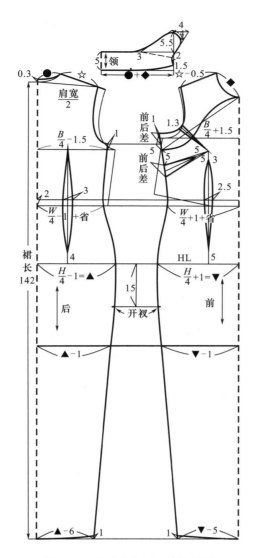

图6-24　前后身及领子结构制图

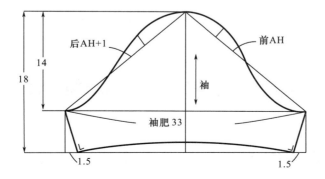

图6-25　袖子结构制图

五、重点样板制作

由于这款旗袍的门襟及侧缝是通开襟式样，从领口至侧缝开衩处钉7~8对盘纽。因此，右前底襟是样板制作的难点（图6-26），此图为前片净样板。根据制作工艺方法加放缝份。

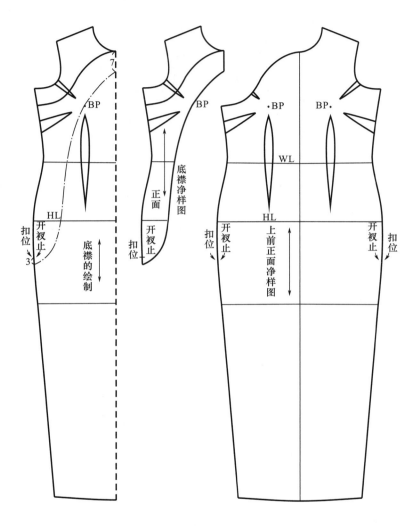

图6-26　通开襟旗袍前身净样板

第五节　长襟长袖旗袍结构制图

一、设计说明

此款旗袍为立领、长襟、长袖，两侧开衩、开襟钉盘扣的式样。为了更加合身适体收有肩省、袖窿省、腋下省、腰省和袖肘省，如图6-27、图6-28所示。

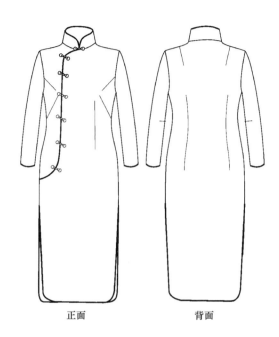

正面　　　　　　　　背面

图6-27　长襟长袖旗袍效果图　　　图6-28　长襟长袖旗袍款式图

二、材料使用说明

面料：140cm幅宽，用量衣长+袖长+20cm（余量）。

90cm幅宽或110cm幅宽，用量衣长×2+20cm（余量）。

三、规格尺寸

旗袍规格尺寸见表6-6。

表6-6　旗袍规格尺寸表　　　　　　　　　　　单位：cm

规格尺寸 ＼ 部位	后衣长	胸围	腰围	臀围	领围	大肩宽	背长
型号165/84A	142	90（84+6）	70（66+4）	95（91+4）	37	39	39

四、结构制图

1. **前后身片及领子结构制图**（图6-29）
2. **袖子结构制图**（图6-30）

袖子的前后袖缝差，一般分成三等份，将$\frac{1}{3}$作为袖缝吃量，$\frac{2}{3}$作为袖肘省量。不喜欢袖肘省时可以将其转移到袖口，作为袖口省或者是借助袖口省量设计成袖开衩式样等。

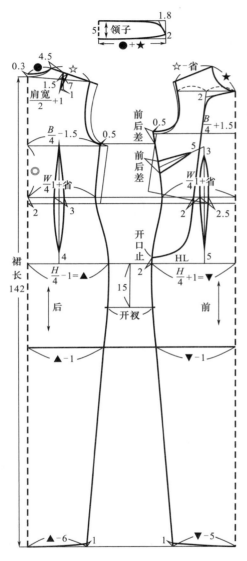

图6-29　前后身片及领子结构制图

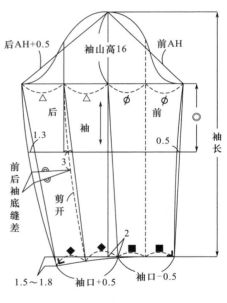

图6-30　袖子结构制图

第六节　工作案例分析——旗袍

本章前面几节介绍了旗袍基本型的基础知识和基本板型的结构设计原理。为了将旗袍结构设计的原理和方法，应用到不同的款式中，随后又介绍了几款旗袍变化型结构制图。那么，在掌握这些单项技术后，为了将这些技能应用到旗袍成衣商品的实际开发中，本节选择了企业常规旗袍产品作为案例，通过分析从成品尺寸、纸样设计、面料选用到设计生产纸样、制订样板表及生产制造单等产品开发的各个环节，使学生了解旗袍产品开发的过程和要求，以及与服装结构设计的相互关系，从而更好地应用所学知识，为企业进行旗袍产品的开发服务。

水滴领旗袍的产品开发流程如下：

一、水滴领旗袍效果图及款式图（**图6-31、图6-32**）

图6-31　水滴领旗袍效果图

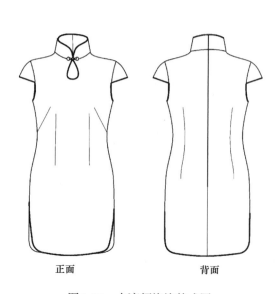

正面　　　　　　　　背面

图6-32　水滴领旗袍款式图

二、综合分析

1. 结构设计分析

本款是一款较合体的变化型旗袍，可通过旗袍基本型板型稍加变化得到。其主要设计点是水滴领、盖袖、后中心装拉链。在面料的选用上，采用棉布类和绸缎类均可。

2. 成品规格的确定

旗袍开发时，首先由设计师和板师根据造型和风格及产品市场定位，设定旗袍的板型风格，并以此为依据设计成品规格。通常由于成衣缝制、熨烫等因素，成品规格会小于纸样规格。因此在设计旗袍成品规格时，板师应根据开发过程中的诸多因素，考虑加入一定的容量，此量是根据企业技术标准或板师的经验而定，然后再根据后整理效果和设计师的要求，进行成品规格和容量的微调，经过几次试穿、改样、修改后，最终确定成品规格。表6-7提供了该款旗袍纸样各部位加入容量的参考值，实际操作时可根据面料性能适当调整，在设计成品规格时，因为不同的板师设计手法、习惯不尽相同，所以必须标明测量方法，否则会造成不可估量的麻烦或损失。

表6-7　水滴领旗袍成品规格与纸样规格表　　　　　　　　　　单位：cm

序号	号型部位	公差	成品规格160/84A	容量	纸样规格	测量方法
1	后中长	±1	94	0.5	94.5	后中测量
2	肩宽	±1	38	0.5	38.5	水平测量
3	胸围	±1	94	1	95	沿袖窿底点测量
4	腰围	±1	69	1	70	沿腰节水平测量
5	臀围	±1	96	1	97	沿臀部水平测量
6	袖长	±1	9	0	9	沿上臂测量

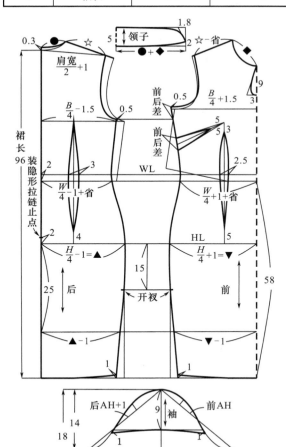

图6-33　旗袍结构制图

3. 面、辅料的使用

（1）面料：幅宽110cm，用量130cm，相当于衣身长+袖长+15cm。

辅料：后中心拉链1条、主标、尺码标、洗涤标各一个。

（2）关于布料的使用量，更多地要考虑面料的性能，棉布类和缎类材料大不相同，应根据面料的图案、光泽等来计算使用量。

4. 结构制图要点

考虑到旗袍是紧身合体型特征，表现的是人体的S型曲线美，所以放置后身原型时不再抬高，前后身原型放置在同一水平线上；袖窿深的确定采用不开深或者向上抬高0.5cm的设计方法，所有的前后差量全部收成腋下省。后中心装拉链，拉链止点定在臀围线或向上3cm左右的位置。袖子可以设计成连身袖结构。在袖口、袖窿底部、领外口、水滴形门襟、开衩及下摆处采用斜纱条包边的工艺（图6-33）。

5. 样衣生产纸样（图6-34）

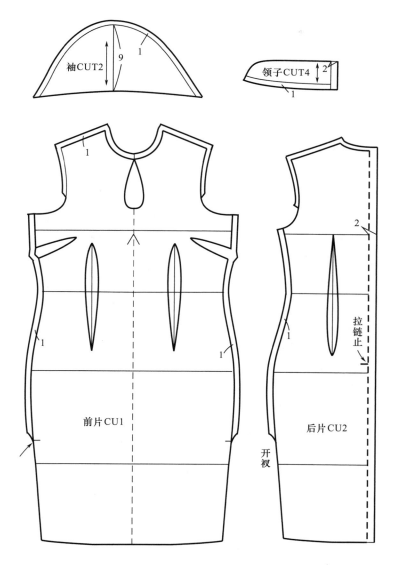

图6-34　样衣生产纸样

6. 样板明细表（表6-8）

表6-8　水滴领旗袍样板明细表

面料样板			衬料样板		
序号	名称	数量	序号	名称	数量
1	前身片	1	3	领面	2
2	后身片	2	4	领里	2

续表

面料样板			衬料样板		
序号	名称	数量	序号	名称	数量
5	袖片	2	8	后中心衬	2
6	领衬1	2	—	—	—
7	领衬2	2	—	—	—

7. 水滴领旗袍排板与裁剪（图6-35）

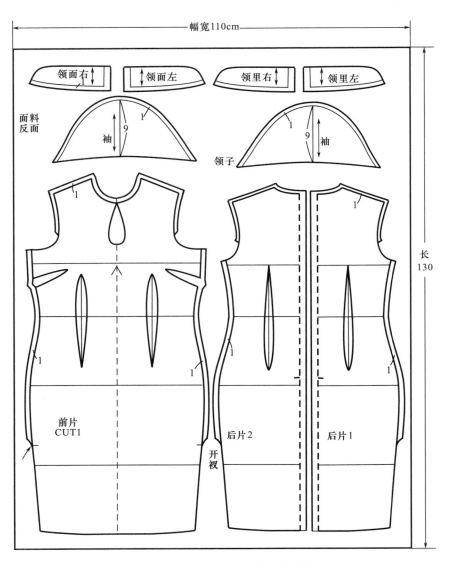

图6-35　水滴领旗袍排板与裁剪

8. 水滴领旗袍生产制造单（表6-9、表6-10）

表6-9　水滴领旗袍生产制造单（一）

供应商				款名：水滴领旗袍				
款号：1485688				面料：××批号玫红色碎花重磅真丝				

备注：1. 产前板 M 码每色一件
　　　2. 洗水方法：干洗
　　　3. 大货生产前务必将产前板、物料卡、排料图等交于我司，批复后方可开裁大货

规格尺寸表（单位：cm）								
序号	号型部位	公差	S 155/80A	M 160/84A	L 165/88A	XL 170/92A	测量方法
1	后中长	±1	94.5	96	97.5	99	后中测量
2	肩宽	±1	37	38	39	40	水平测量
3	胸围	±1	90	94	98	102	沿袖窿底点测量
4	腰围	±1	65	69	73	77	沿腰节水平测量
5	臀围	±1	92	96	100	104	沿臀部水平测量
6	袖长	±1	8	9	10	11	沿上臂测量

表6-10　水滴领旗袍生产制造单（二）

款号：1485688	款名：水滴领旗袍

生产工艺要求：
1. 裁剪：前身片中心处整裁
2. 后中心缝装隐形拉链

包装要求：
1. 烫法：立体熨烫，不可出现烫黄、发硬、变硬、激光、折痕、潮湿（冷却后挂式包装）等现象
2. 挂装，每件入一无纺袋

图示：此图仅供参考

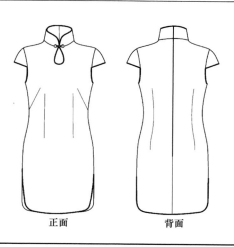

正面　　　　　　　　背面

讲练结合——

工业用样板与样板缩放

课程名称： 工业用样板与样板缩放

课程内容： 1. 工业用样板

　　　　　　　2. 样板缩放

　　　　　　　3. 典型款式工业制板实例

上课时数： 64课时

教学提示： 讲解服装产业的生产程序及样板制作在服装产业生产过程中的地位及重要性，了解工业用样板的制作过程，讲解样板缩放原理，示范样板缩放的实际操作技法，讲解各服种缩放量的计算以及典型款式工业制板实例。

教学要求： 1. 使学生了解服装产业的生产程序及样板制作在服装产业生产过程中的地位及重要性。

　　　　　　2. 让学生了解工业用样板的制作过程，利用课堂及业余时间，完整地制作一套工业用样板及其生产技术文件，使其毕业后尽快上岗。

　　　　　　3. 让学生了解样板缩放的基础知识，明确样板缩放的重点，要求学生从人体分割、原型分割的方面理解样板缩放的原理，掌握并灵活运用样板缩放原理及方法。

　　　　　　4. 让学生学会样板缩放的实际操作技法，并能准确计算缩放量，同时要求学生掌握省缝的缩放规律，能够熟练操作各服种的样板缩放。

课前准备： 市场调研各种服装款式的号型；展示各服种的工业用样板与样板缩放图；下厂实习操作各服种的工业用样板制作与样板缩放。

第七章　工业用样板与样板缩放

第一节　工业用样板

一、服装样板的制作

（一）服装制作的方法

1. 定做服装（单量单裁）

（1）家庭定做，以休闲服或休闲的家居服为主。

（2）高级定制，以高级时装、礼服，高层人物、特别人物、特体人物等为主。

以特定的个别人为研究对象，进行体型观察、人体测量、原型制作、样板设计、裁剪、假缝补正、缝制成品。

定做服装是指顾客和设计制作者之间达成共识，以选定的款式与衣料制作服装，它的主要目的是使服装适合顾客的体型。在这种情况下的服装样板，只是作为制作前的一道程序，服装完成的好坏受缝纫工对款式的理解与技术的影响。

2. 成衣生产（批量生产）

以不特定的大多人为研究对象，收集对象中多数人的体型数据，寻找其体型的共性，以此为基础制作工业用人体模型，再以人体模型为基础制作原型，再加入造型与设计元素，进行样板展开，然后缝制样衣，制作工业用样板，裁剪，批量生产。

与定做服装不同，批量生产是以顾客的身体来适应完成的服装商品，在这种情况下的服装样板，是生产的依据，它的准确性与合理性至关重要。

（二）服装样板制作的方法

1. 立体裁剪法

立体裁剪（draping），顾名思义是指在立体状态下完成服装衣片构成的一种形式。它是利用白坯布，在人体或人体模型上，一边裁剪，一边观察布的纱向与整体平衡，在准确把握服装与人体之间关系的基础上，获得造型的一种设计表现方式，是相对平面结构设计而言的另一种制作服装样板的服饰造型技术手段。立体裁剪这一过程，既是按服装设计构思具体制作服装样板的技术过程，又是从美学观点具体审视构思服装的设计过程。它是表现服装立体感的最佳操作方法。

立体裁剪注重布的经纬纱向，同时利用视觉与感觉塑造出了服饰的整体形态，非常能体现设计师的感性技术。它要求操作者具有与人体、素材相关的丰富知识，同时还要有较强的动手能力和技术经验。

立体裁剪的优点是能够直观地表现服装的造型，便于直接了解布的纱向的移动及比例，对于启发设计灵感，立体裁剪可以起到重要的作用。

立体裁剪的缺点是掌握立体裁剪这门技术需要较长的学习时间，技术上的差异会使产品质量不一样；样板尺寸的准确性比平面裁剪要差。

2. 平面裁剪法

平面裁剪（drafting）是根据测量的尺寸做出基本原型，使用基本原型进行制图和样板展开或者把需要的成品尺寸按相应的比例分配到各个部位上来取得样板的一种方法。它要求在平面上，想象出立体构成的状态，既要有丰富的立体想象能力，又要了解人体的形态、机能，素材的特性等，要求具备更深的立体构成经验。

平面裁剪的优点是依据成品尺寸标准，能够确保型号的准确性，能够确保领口、袖窿等曲线部位成型较准确，能有利于资料的保存。

平面裁剪的缺点是不能充分表现感性的一面，没有立体裁剪直观。

3. 测量法（短寸法）

测量法（measurement）是通过测量身体各部位来确定精密尺寸以进行样板制作的一种方法（使用计算机能测得最精密尺寸）。男西服、牛仔裤、旗袍可利用这种方法。

4. 复制法

复制法（rob-off）是将成衣进行分解，测量套取样板的一种方法。一般不提倡复制商品（有盗版之嫌），多用于文物的保存和再生。

立体裁剪和平面裁剪兼用是现代服装样板制作最常采用的方法。

在服装高速发展的今天，短时间内就能制作出质量优的样板是样板设计师目前最大的课题。

（三）服装用人体模型

服装用人体模型大致可分为以下三种：

1. 展示用人台

展示用人台用于橱窗、店面设计，是夸张、美化了的人体模型。

2. 净体人台（裸体人台）

净体人台用于表现服装设计造型，是设计师专用人台。净体人台（裸体人台）是按照人体比例和净体形态仿造出的人体模型。

3. 工业用人台

工业用人台以净体人台为基础，在一些适当部位加入余量，有固定的规格型号。

除此以外，近来非常盛行开发独创人台，重视品牌特性（图7-1）。

（四）服装样板制作系统

1. 原型（Sloper）

原型即基本型。指身片、袖、裙子、裤子等款式的基本样板，用于提高样板的制作效率。基本样板能够针对每一季节的造型变化，通过简单操作，制作出设计的变化型。

通常原型不带缝份，这样有助于变化型的设计展开。

（1）形态原型：以工业用人台为基础，用立体裁剪等得到的拓型。它是样板制作中重要的原型尺寸。

（2）基本原型：以形态原型为基础，在服装制作中含有最小限度余量的原型。

紧身原型——按人台造型作出的贴身原型。

直身原型——以胸围线为基准，上部贴身，下部垂直呈直线的原型。

（3）不同服种原型：根据不同服种的特征与穿用目的加放有松量及运动量的原型。按照服装套穿的顺序，注意领围与肩部的厚度。

（4）不同服种造型原型：服装的外观廓型也称造型。造型原型是样板制作中最为关键的部分。

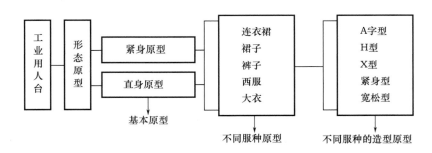

图7-1　工业用人台与原型关系

2. 样板（Patten）

样板即纸样。

（1）设计样板（Design patten）：是设计师按商品企划的宗旨设计效果图，然后根据样板制作的方法设计的一种图纸。

（2）样品样板（Sample Patten）：是制作样品时使用的样板。

（3）工业用样板（量产用样板）（Production Patten）：是在不改变设计者意图的基础上，考虑素材、排料、缝制效率、商品标准诸问题后制作的样板。

（4）生产用样板（缝制用工艺样板）（Gauge Patten）：是根据缝制工厂的水平、机器设备，将工业用样板再次修整得到的样板。一般由缝制工厂方面制作。缝制过程中，为了准确、快速地确认部件的部位和裁片数量等，而作的带有各种标识、标记的样板，比如部位名称、纱向要求、合印点、扣眼、扣位、裁片数量等均需用文字或符号等标明。

各样板之间的关系如图7-2所示。

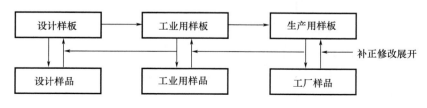

图7-2　各样板之间的关系

（5）局部样板：是体现服装装饰性与流行性的部位（领子、袖子、口袋等）的样板。

（五）服装样板制作的重点

能够制作出造型美观、穿着舒适、有较高覆盖率的高质量样板，不仅能体现样板师的技术水平，还可以让服装因为技术而增加服装的价值。

要制作出好的样板，需综合考虑以下几个方面的因素和条件；

（1）必须充分了解设计师的设计意图。

（2）要让服装兼具机能性和美观性，必须了解人体的形态和人体对服装的机能性要求。

（3）掌握素材的特性。

（4）了解所使用材料的经济性。

（5）了解缝制上的制约条件。

（6）掌握时代的流行性。

比如人体的形态、机能的适合性方面，以余量问题为例；

①身体的运动量与余量。

a. 考虑到人体因呼吸运动而产生的肺活量以及转体等动作，胸围部位须有适当的余量。

b. 考虑到各关节部位屈伸以及因动作而产生的肌肤伸展，应在适当的部位上加放相应的运动量与余量。

c. 要保证日常动作所需的最低运动量与余量。

d. 根据服种与穿着目的的不同，要适当增减运动量与余量。

e. 根据特殊体型要进行特殊的余量处理（比如残疾人）。

f. 要根据年龄、体型变化进行有针对性的余量处理。

②考虑覆盖率所需的余量。根据人体工学所提倡的"最大最小原则"，要综合不同体型的典型特征，按照多数人所需要的尺度做余量处理。

③造型上的余量。为了突出外观造型而进行的余量处理。

④不同素材所需的余量。根据不同素材的使用，运动量与余量的处理也不同。

制作样板并非简单容易，需要具备全面的知识，细心的观察力，认真、负责的态度。

总之，服装产业的生产，要经过很多程序才能完成一件作品，然后作品作为商品进入流通网络，最终被消费者穿着使用。在此过程中，最重要的工作之一就是样板制作。

无论是高级成衣店里的单件制作，还是服装公司、工厂的批量生产，样板的好坏，直接关系到衣服的好坏。特别是工业用样板（量产用样板），用一个型进行大批量生产，会产生非常大的影响，如果样板有误或者有缺陷，就会给缝制工作带来许多问题，比如增加材料的损耗，降低生产的效率，另外商品也有可能出现销售困难或者卖不出去的情况。还有，如果不能满足人体的基本运动，穿着不方便甚至困难，会导致商品价值下降，库存增加。

由此可见，样板设计师的责任重大，不仅要具备一定的审美，还得了解人体有关知识，懂得素材的性能以及商品流通知识。

（六）关于计算机辅助设计

1. 什么是CAD

CAD是英文Computer（计算机）、Aided（辅助）、Design（设计）三个单词的缩写。CAD是利用电子计算机，使服装设计作业机械化、合理化，从而缩短设计时间、提高工作效率、降低设计成本，保证品质稳定均一的一种工具。同时还可以积累技术资料，以便用于进一步的开发。

2. CAD的功能

（1）服装样板制作功能。

①基本样板的制作：包括制作各种原型、设计展开样板、订正样板等功能。

②工业用样板的制作：可以加放缝头、处理缝头角；制作贴边、领、口袋等样板；也可以制作衬布样板、里布样板。

（2）服装样板缩放功能。

利用电子计算机进行样板缩放，首先在基本样板上确定想缩放的位置，设定缩放点，在缩放点处给出X轴、Y轴的方向，利用样板缩放原理，计算出X轴、Y轴的缩放量，从而得出变化后与原样板部分相似形或非相似形的样板。

利用电子计算机进行缩放的方法有两种：

①计算式法：根据各种设计以及样板与尺寸之间的关系，用计算式进行缩放的方法。

②间距算出法：将各样板缩放点的间距量输入计算机进行缩放的方法。

目前使用较为广泛的计算机辅助设计软件，都已将上述方法编写成预设的程序供操作者使用。只要根据需要将各个号型之间的档差数值输入进去，软件就可自行完成样板放码的工作。可以直接生成各个号型的网状图，供操作者调取打印或者切割出来。如有归号、归型、归部位尺寸的情况，在输入档差数据时认真核实归纳即可。

（3）服装排板功能。

在电子计算机的图形显示器（屏幕）上设定布料幅宽，在幅宽内排列样板，得出排板图，指挥自动裁剪机进行裁剪。

排板方法有对话方式、半自动方式、自动方式三种。它们互为运用条纹、花纹、布料的方向性、套号型等排板条件。

另外，还有三维试衣功能。

二、工业用样板

（一）工业用样板在服装生产流程中所处的位置

工业用样板在服装生产流程中所处的位置，如图7-3所示。

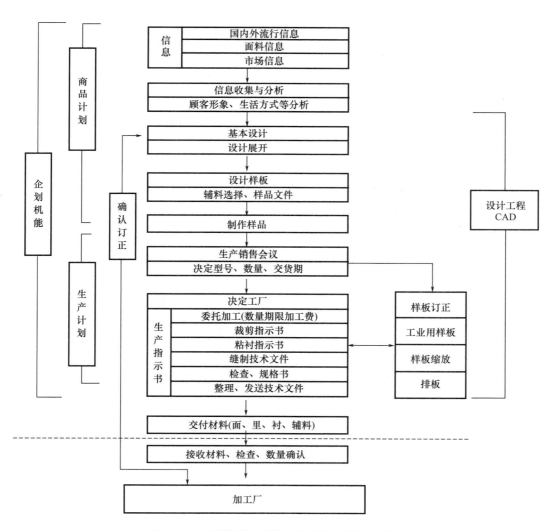

图7-3　工业用样板在服装生产流程中所处的位置

（二）工业用样板的考虑方法

服装产业中的工业样板，作为制作服装的工业设计图，对其科学性、合理性，有很高的要求。

作为工业设计图的样板，对于产品质量、生产等都具有重大影响，也是成本构成的重要因素。在设计制作原始样板阶段，只要考虑产品的机能性、经济性，材料的科学性、生产性等因素，确定一个具有审美性的设计就可以了。但工业用样板的制作，因其关联到整个批次产品生产的成功与否，则需要在更充分了解各因素之间关系的前提下，综合运用与之有关的各种资源与条件，这需要更严谨的工作态度、更深厚的技术功底和更丰富的经验。

目前各被服企业采取各种各样的方法进行样板制作，例如，购入设计样品和样板，将自己的设计方针融入样板中，其样板的订正方法，就是程序中很重要的一项作业了。

首先，在充分重视样品设计感觉之余，在样品样板中融入自己的设计方针制作样板的情况较多，生产前的样板确定是必不可少的条件。

在这种情况下，如因为样板检查的技术经验不足，设计样板未经确认即投入生产，或作为工业用样板直接使用，就可能导致产品质量不良，影响全体员工的工作效率。

在常规情况下，根据服装企业的运营模式以及产品的风格特点，有下列四种方法可以用来制定工业用样板。

（1）设计样板（原始样板）直接作为工业用样板时，必须考虑体型、尺寸型号，通过立体裁剪制作样板。要求具备高度的立体裁剪样板制作技术。

（2）以企业专用原型确认设计样板，加以调整、订正制作工业用样板。要求具备很高的样板订正技术。

（3）使用企业专用原型由设计员制作样板，加以必要的调整、修改，制作工业用样板，减少样板的检验环节。

（4）决定季节性形体特点，依据企业专用原型，制作形体原型，使用形体原型，加入设计要点的变化，制作工业用样板。比方法（3）样板确认更为简单，但要求制作形体样板的人员有很高的技术水平。

以上方法（2）~（4），必须要制作原型，方法（1）可能有不存在原型的情况。

（三）工业用样板订正的注意事项

把设计（原始）样板制作成工业用样板，必须注意如下事项：

（1）不能改变服装的风格。

（2）对于商品要考虑消费者的喜好。

（3）向符合企业主张的体型、尺寸、型号要求方向调整。

（4）符合成本要求。

（5）考虑生产效果与效率。

（6）简化缝制程序。

（7）样板要符合材料特性要求。

（8）要考虑设备性能。

（9）产品规格统一、明确（裁剪、缝制、整理）。

考虑好以上项目，即可进行样板订正工作，以此顺序，加之对机能性、材料特性、生产性的补充，日常业务得以正常进行。作业时，不是单项的进行，拥有高技术水平的企业应是齐发并进的。

（四）工业用样板的订正

由初次样板制作到完成样品的过程中，必须研究设计与素材的适合性，为了使样板的造型适应高效率的生产，样板的价格范围合适，必须进行样板订正。样板订正包括如下项目：

1.　有关尺寸及余量问题的检查与订正

针对衣服的型号，检查围度尺寸、宽度尺寸、长度尺寸以及垫肩的厚度、袖山吃量的分配等是否合适。

（1）围度尺寸及余量订正：胸围、腰围、臀围、摆围等。

（2）宽度尺寸的订正：肩宽、背宽、胸宽、袖肥、袖口宽等。

（3）长度尺寸的订正：衣长、后衣、前衣、袖长等。

2.　有关缝合部位缝合线的长度及连接状态的检查与订正

针对缝合部位，检查缝合线的长度是否相等或合理；连接线的状态是否平滑、圆顺。

（1）检查、订正肩线、领口线、袖窿线。

对齐前后肩线，使前后颈侧点重合，订正前后领口线，使前后领口弧线连接平滑、圆顺。

对齐前后肩线，使前后肩端点重合，订正前后袖窿线，使前后袖窿弧线连接平滑、圆顺。

（2）检查后肩省或后肩吃量是否合理。

（3）检查、订正前后侧缝线、袖窿线、底边线。

以腰围线为基准，对齐前后侧缝线，订正前后袖窿线，使前后袖窿弧线连接平滑、圆顺。

以腰围线为基准，对齐前后侧缝线，折叠腰省等，订正底边线，使前后底边线连接平滑、圆顺。

检查前后侧缝线是否相等、曲度是否一致。由于纱向相同，线条的缝合较为简单，一般情况下，把前后侧缝线修订为相同的线。

（4）检查、订正大小袖外侧缝线、大小袖内侧缝线、大小袖袖山线等。

（5）检查、订正里领与身片、表领面与贴边等。

（6）检查、订正裙子、裤子的腰围线等。

3. 有关合印记号的检查与订正

合印记号是各尺寸间缝合的指示。

合印记号的标注一般分两种：一种是相对缝合线呈直角标注的合印记号；另一种是延长缝合线标注的合印记号。

为了区分前后身片，一般前片用单合印记号（记号长度为0.3~0.5cm），后片用双合印记号（双合印记号间距为0.5cm）。

4. 有关细部的检查与订正

（1）记入名称，如前身片、后身片、袖、领等。

（2）记入型号，如160/82A、165/84A、175/92A等。

（3）画纱向线。

（4）必要线的标注，如BL、WL、HL、FC、BC等。

（5）细部的标注。如口袋位置、扣子位置、扣眼位置等。

5. 有关样板片数的检查与订正

工业用样板要求左右身片、左右部件样板、辅料样板全部作出，以免漏裁。

（五）工业用样板的制作

1. 基本缝份的加放方法

（1）根据设计、面料、缝制方法的不同，缝份也不一样。

（2）为了正确、均一地缝制，一般原则上要按照缝制顺序加放缝份。

（3）缝合部位的缝份，一般宽度相同，加放的缝份线与净样线平行。

（4）要注意缝头角的处理。

2. 面料样板的制作

（1）工业用样板，左右对称且形状相同的情况下，样板可制作一片，用"CUT2、×2或×片"表示；如果批量数目较大，即使左右对称且形状相同，左右样板也必须全部做出。

（2）对折连裁的样板也必须左右展开制作成一片。

（3）贴边样板制作时，首先在翻折线处根据面料的厚度加放翻折余量；接着在贴边的驳头处加放贴边吐止口的量；然后根据衣长追加贴边长度的余量；最后加放缝份。

（4）制作领面样板时，首先在领子的颈侧点处，根据面料的厚度展开领子外围尺寸，折叠领子的绱领线；接着在领子的翻折线处根据面料厚度加放翻折余量；然后在领角及领子外围加放领面吐止口的量；最后加放缝份。

3. 里料样板的制作

里料样板要加放松量进行制作。

（1）身片后中心的放松量要大一些。

（2）大袖小袖的袖肥处要多追加放松量，小袖袖底部经常活动的地方，也要多追加放松量。

（3）里子前身片也要随贴边内侧展开而展开。

4. 衬料样板的制作

在加放完缝份的面料样板基础上，制作衬的样板。各部位的衬的样板由面料样板缩进0.3cm得到。

第二节　样板缩放

一、样板缩放的基础知识

（一）样板缩放的概念

以立体裁剪或者平面制图取得的样板作为基准，在同一体型中，不改变设计意图，进行扩大或者缩小成各尺寸。

（二）样板缩放的重点

（1）作出正确的基本样板。

（2）整理出样板缩放用的不同体型的尺寸表。

（3）样板缩放要有精密无误、认真负责的工作态度。

（三）样板缩放的方法

（1）以基本样板（净样板）为基础，把所有必要的型号都在一张纸上缩放（图7-4），然后复印出所需张数，每一张纸上用不同颜色的彩笔加深不同型号的线（图7-5），最后放缝份，样板完成。

（2）以基本样板（毛样板）为基础，在纸上只缩放出一个型号的样板，然后清剪出此型号的样板，用此型号样板再缩放出下一个型号的样板，以此类推（图7-6、图7-7）。一般使用较厚的样板纸。

（3）以基本样板为基础，先把基本样板拓在样板纸上，然后缩放相差3~4个型号的最大（小）样板，再从各缩放点画出引线，进行之间的分配，最后分别画出之间的

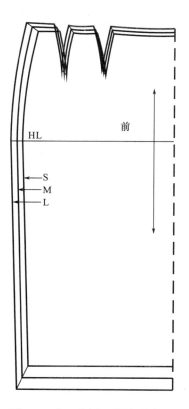

图7-4　在一张纸上缩放所有必要的型号

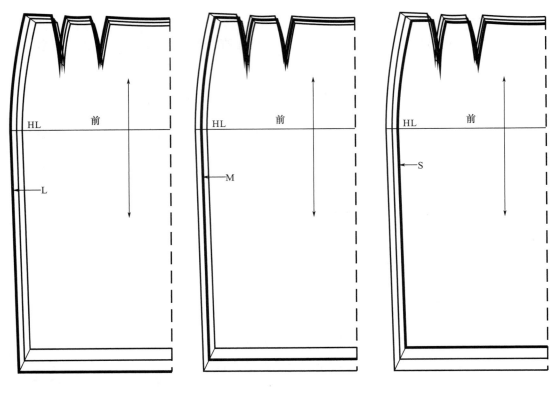

图7-5　用不同颜色的彩笔加深不同型号的线

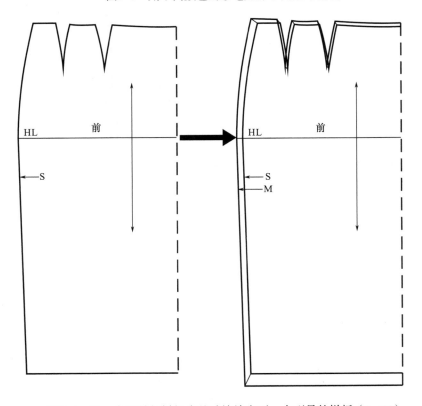

图7-6　以一个型号的样板为基础缩放出下一个型号的样板（S→M）

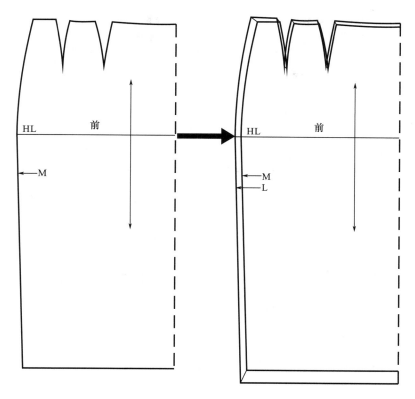

图7-7 以一个型号的样板为基础缩放出下一个型号的样板（M→L）

样板（图7-8、图7-9）。

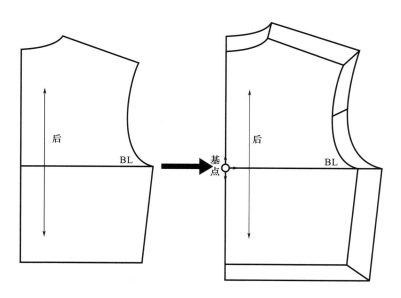

图7-8 放出最大型号的样板

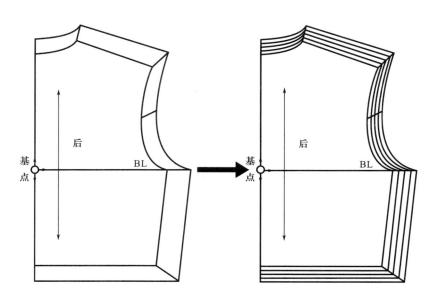

图7-9　通过分配放出中间号型的样板

目前主要以电子计算机的样板缩放为主，此方法具有效率高、时间短、劳力少等优点，适合现代化的大规模生产。

（四）样板缩放用的尺寸规格

样板缩放用的尺寸规格依据服装成品规格制订。

1. **号型的定义**

根据人体规律和使用需要，选用最有代表性的基本部位（身高、胸围、腰围）作为制定号型的基础，用这些部位及体型分类代号作为服装成品规格的标志。我国服装标准规定将人体身高以厘米为单位表示，命名为"号"，"号"是设计和选购服装长短的依据；将人体围度（净胸围、净腰围）以厘米为单位表示，命名为"型"，"型"是设计和选购服装肥瘦的依据；以人体胸围与腰围的差数为依据划分体型，并将体型分为四类。体型分类代号为Y、A、B、C。

2. **体型的分类**

将男子与女子按胸腰差的数值区分为不同的体型，胸腰差即净胸围减去净腰围的差数，根据差数的大小，来确定体型的分类。

日本工业标准将成年男子分为Y、YA、A、AB、B、BE、E七种体型，其中标准A体型胸腰差为12cm。各体型的胸腰差见表7-1。

日本工业标准将成年女子分为Y、A、AB、B四种体型，其中A体型为普通体型，Y体型是臀围比A体型小4cm的体型，AB体型是臀围比A体型大4cm的体型，同时胸围不大于124cm，B体型是臀围比A体型大8cm的体型。

表7-1　各体型的胸腰差参考表　　　　　　　　　　　　　单位：cm

体型	Y	YA	A	AB	B	BE	E
尺寸差	16	14	12	10	8	4	0

　　我国幅员广阔，人体体型差别也较大，而少年与成年人的差别到一定年龄后，主要是发育上的差别，这些可从体型划分中区分开来，因此，我们将少年与成年人合并处理。男子与女子各制定一个标准，都分为四种体型，即Y、A、B、C型，其中A体型为人数较多的普通体型，Y体型是与A体型相比胸腰差较大的体型，B、C体型与A体型相比胸腰差较小，腰围较大表示稍胖和相当胖的体型。中国男子和女子体型分类见表7-2、表7-3。

表7-2　中国男子体型分类　　　　　　　　　　　　　　　单位：cm

体型	Y	A	B	C
尺寸差	22～17	16～12	11～7	6～2

表7-3　中国女子体型分类　　　　　　　　　　　　　　　单位：cm

体型	Y	A	B	C
尺寸差	24～19	18～14	13～9	8～4

3. 号型系列

　　把人体的号和型进行有规则的分档排列即为号型系列，在我国服装号型标准中规定身高以5cm分档组成系列，胸围以4cm或3cm分档组成系列，腰围以4cm或3cm、2cm分档组成系列。

　　（1）男子服装号型见表7-4～表7-7。

表7-4　Y号型系列　　　　　　　　　　　　　　　　　　单位：cm

	Y													
	155		160		165		170		175		180		185	
76			56	58	56	58	56	58						
80	60	62	60	62	60	62	60	62	60	62				
84	64	66	64	66	64	66	64	66	64	66	64	66		
88	68	70	68	70	68	70	68	70	68	70	68	70	68	70
92			72	74	72	74	72	74	72	74	72	74	72	74
96					76	78	76	78	76	78	76	78	76	78
100							80	82	80	82	80	82	80	82

表7-5　A号型系列　　　　　　　　　　　　　　　　单位：cm

	A																				
	155			160			165			170			175			180			185		
72				56	58	60	56	58	60												
76	60	62	64	60	62	64	60	62	64	60	62	64									
80	64	66	68	64	66	68	64	66	68	64	66	68	64	66	68						
84	68	70	72	68	70	72	68	70	72	68	70	72	68	70	72	68	70	72			
88	72	74	76	72	74	76	72	74	76	72	74	76	72	74	76	72	74	76	72	74	76
92				76	78	80	76	78	80	76	78	80	76	78	80	76	78	80	76	78	80
96							80	82	84	80	82	84	80	82	84	80	82	84	80	82	84
100										84	86	88	84	86	88	84	86	88	84	86	88

表7-6　B号型系列　　　　　　　　　　　　　　　　单位：cm

	B															
	150		155		160		165		170		175		180		185	
72	62	64	62	64	62	64										
76	66	68	66	68	66	68	66	68								
80	70	72	70	72	70	72	70	72	70	72						
84	74	76	74	76	74	76	74	76	74	76	74	76				
88			78	80	78	80	78	80	78	80	78	80	78	80		
92			82	84	82	84	82	84	82	84	82	84	82	84	82	84
96			86	88	86	88	86	88	86	88	86	88	86	88	86	88
100							90	92	90	92	90	92	90	92	90	92
104									94	96	94	96	94	96	94	96
108											98	100	98	100	98	100

表7-7　C号型系列　　　　　　　　　　　　　　　　单位：cm

	C															
	150		155		160		165		170		175		180		185	
76			70	72	70	72	70	72								
80	74	76	74	76	74	76	74	76	74	76						
84	78	80	78	80	78	80	78	80	78	80	78	80				
88	82	84	82	84	82	84	82	84	82	84	82	84	82	84		
92			86	88	86	88	86	88	86	88	86	88	86	88	86	88
96			90	92	90	92	90	92	90	92	90	92	90	92	90	92

续表

	150		155		160		165		170		175		180		185	
					C											
100					94	96	94	96	94	96	94	96	94	96	94	96
104							98	100	98	100	98	100	98	100	98	100
108									102	104	102	104	102	104	102	104
112											106	108	106	108	106	108

（2）女子服装号型见表7-8～表7-11。

表7-8　Y号型系列　　　　　　单位：cm

	145		150		155		160		165		170		175	
						Y								
72	50	52	50	52	50	52	50	52						
76	54	56	54	56	54	56	54	56	54	56				
80	58	60	58	60	58	60	58	60	58	60	58	60		
84	62	64	62	64	62	64	62	64	62	64	62	64	62	64
88	66	68	66	68	66	68	66	68	66	68	66	68	66	68
92			70	72	70	72	70	72	70	72	70	72	70	72
96					74	76	74	76	74	76	74	76	74	76

表7-9　A号型系列　　　　　　单位：cm

	145			150			155			160			165			170			175		
								A													
72				54	56	58	54	56	58	54	56	58									
76	58	60	62	58	60	62	58	60	62	58	60	62	58	60	62						
80	62	64	66	62	64	66	62	64	66	62	64	66	62	64	66	62	64	66			
84	66	68	70	66	68	70	66	68	70	66	68	70	66	68	70	66	68	70	66	68	70
88	70	72	74	70	72	74	70	72	74	70	72	74	70	72	74	70	72	74	70	72	74
92				74	76	78	74	76	78	74	76	78	74	76	78	74	76	78	74	76	78
96							78	80	82	78	80	82	78	80	82	78	80	82	78	80	82

表7-10　B号型系列　　　　　　单位：cm

	145		150		155		160		165		170		175	
						B								
68			56	58	56	58	56	58						

续表

	B													
	145		150		155		160		165		170		175	
72	60	62	60	62	60	62	60	62	60	62				
76	64	66	64	66	64	66	64	66	64	66				
80	68	70	68	70	68	70	68	70	68	70	68	70		
84	72	74	72	74	72	74	72	74	72	74	72	74	72	74
88	76	78	76	78	76	78	76	78	76	78	76	78	76	78
92	80	82	80	82	80	82	80	82	80	82	80	82	80	82
96			84	86	84	86	84	86	84	86	84	86	84	86
100					88	90	88	90	88	90	88	90	88	90
104							92	94	92	94	92	94	92	94

表7-11 C号型系列　　　　　　　　　　单位：cm

	C													
	145		150		155		160		165		170		175	
68	60	62	60	62	60	62								
72	64	66	64	66	64	66	64	66						
76	68	70	68	70	68	70	68	70						
80	72	74	72	74	72	74	72	74	72	74				
84	76	78	76	78	76	78	76	78	76	78	76	78		
88	80	82	80	82	80	82	80	82	80	82	80	82		
92	84	86	84	86	84	86	84	86	84	86	84	86	84	86
96			88	90	88	90	88	90	88	90	88	90	88	90
100			92	94	92	94	92	94	92	94	92	94	92	94
104					96	98	96	98	96	98	96	98	96	98
108							100	102	100	102	100	102	100	102

以上表格身高以5cm分档组成系列，胸围以4cm分档组成系列，腰围以4cm、2cm分档组成系列。

日本工业标准对成年男子服装号型的规定为：身高以5cm分档，即155cm（2）、160cm（3）、165cm（4）、170cm（5）、175cm（6）、180cm（7）、185cm（8）七种；胸围以2cm分档；腰围以2cm分档。

日本工业标准对成年女子服装号型的规定为：身高以8cm分档，即142cm（PP）、150cm（P）、158cm（R）、166cm（T）四种（表7-12）。

表7-12　日本工业标准中女子的四种号型

R	身高158cm的代号，表示身高普通的意思，regular的第一个字母
P	身高150cm的代号，表示身高较低的意思，petit的第一个字母
PP	身高142cm的代号，表示身高比P还矮，很低的意思，用两个P表示
T	身高166cm的代号，表示身高较高的意思，tall的第一个字母

胸围92cm以下以3cm分档，胸围92cm以上以4cm分档，腰围76cm以下以3cm分档，腰围76cm以上以4cm分档（表7-13）。

表7-13　各号型的代号及胸围

代号	3	5	7	9	11	13	15	17	19	21	23	25	27	29	31
胸围	74	77	80	83	86	89	92	96	100	104	108	112	116	120	124

4. 号型标志

成品服装必须标明号、型，号、型之间用斜线分开，后接体型分类代号。例如在我国：

男子上装175/92A，175表示身高175cm，92表示净胸围92cm，体型代号A表示胸腰差在12~16cm。

男子下装175/78A，175表示身高175cm，78表示净腰围78cm，体型代号A表示胸腰差在12~16cm。

女子上装160/84A，160表示身高160cm，84表示净胸围84cm，体型代号A表示胸腰差在14~18cm。

女子下装160/68A，160表示身高160cm，68表示净腰围68cm，体型代号A表示胸腰差在14~18cm。

例如在日本：

男子90A5，90表示净胸围90cm，体型代号A表示胸腰差为12cm，5表示身高170cm。

女子9AR，9表示净胸围83cm，体型代号A表示普通体型，R表示身高158cm。

总之，号型标志是服装规格的代号。

二、样板缩放的原理

样板缩放原理实际上是有关缩放量的计算，线和点的移动原理。

（一）人体分割

缩放量的大小由人体分割、原型分割的面积大小来确定。

缩放量的计算必须以人体结构为基准，如图7-10所示，将人体前分割为12个面、后分割为12个面、侧分割为8个面，整体共分割为32个面，32个面的面积并不相同，有的面

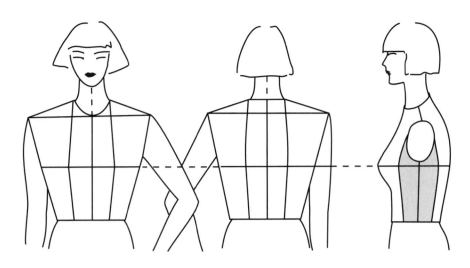

图7-10　将人体分割成32个面

积大，有的面积小，根据分割面积的大小进行扩大或者缩小，也就是说分割面积的大小决定了扩大或缩小的数值即缩放量。

（二）原型分割

原型的分割及缩放量的分配原理是各服种样板缩放的基础。

横分割——利用纵线进行幅宽分量的分割。

纵分割——利用横线进行长度分量的分割。

1. 文化女子原型的分割

（1）前身片的分割，如图7-11所示。过颈侧点作水平线与前中心线的延长线交于O点。

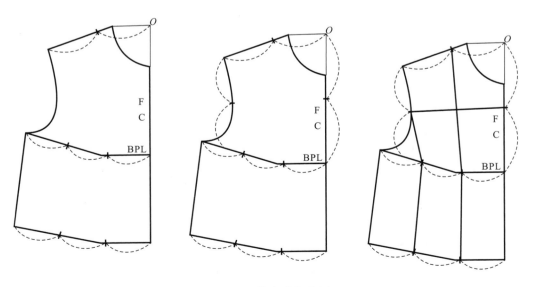

图7-11　前身片的分割

①在O点与肩端点间进行二等分。

②将胸围线、腰围线分别进行三等分。

③将O点至胸围线间的垂直距离进行二等分。

④将肩端点到BPL的连线进行二等分。

（2）后身片的分割（图7-12）。

①将后颈中心点至肩端点之间的距离进行二等分。

②将胸围线、腰围线分别进行三等分。

③将肩端点到BPL的连线进行二等分。

④将后颈中心点至胸围线间的垂直距离进行二等分。

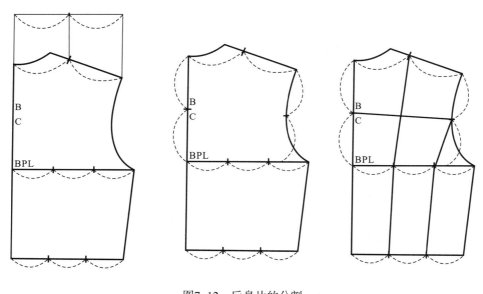

图7-12　后身片的分割

（3）袖片的分割（图7-13）。

①将后袖肥，前袖肥分别进行二等分。

②将袖山高进行二等分。

③利用EL将袖下长进行二等分。

2. 裙子原型的分割（图7-14）。

（1）前裙片的分割。

①腰围线、臀围线、底边线分别进行三等分。

②利用臀围线进行纵分割。

（2）后裙片的分割。

①将腰围线、臀围线、底边线分别进行三等分。

②利用臀围线进行纵分割。

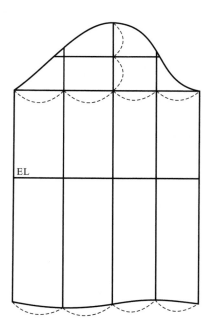

图7-13　袖片的分割

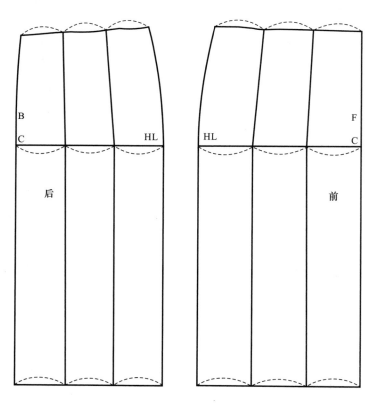

图7-14　裙子原型的分割

（三）扩大与缩小的方向

1. 文化式女子原型

前身片——以前中心与胸围线的交点作为基点（图7-15）。

后身片——以后中心与胸围线的交点作为基点（图7-15）。

袖片——以袖山基础线与袖山高的交点为基点或以袖山顶点为基点（图7-16）。

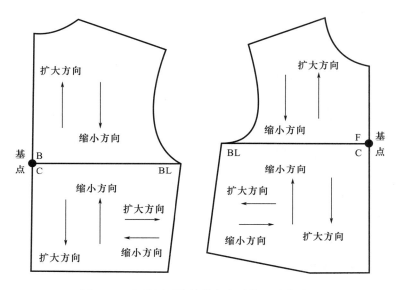

图7-15　女子原型的缩放方向（前、后身片）

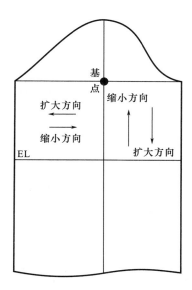

图7-16　女子原型的缩放方向（袖片）

2．裙子原型

前裙片——以前中心线与臀围线的交点作为基点，或者以前中心线与腰围线的交点作为基点。

后裙片——以后中心线与臀围线的交点作为基点，或者以后中心线与腰围线的交点作为基点。

注意：

（1）远离基线的方向是扩大的方向。

（2）接近基线的方向是缩小的方向。

（3）基点的变化影响放大和缩小的方向。

（4）选择基点、基线不同，扩大缩小的方向也不同，缩放量也发生变化。为了便于缩放，基点的位置可以变化或移动。

（四）缩放量的计算方法

在样板缩放时，首先必须确定样板扩大与缩小的尺寸以及样板扩大与缩小的位置。

在样板缩放的实际操作时，首先，将胸围、腰围、臀围、背长、腰臀间距、衣长、袖长、裙长、裤长等部位的基本尺寸作为中心，求得扩大或缩小的尺寸差，这个差是计算缩放量的基础。

在此，我们将M码作为基本样板扩大到L码，缩小至S码。

下面以胸围为例，表示缩放量的计算方法。

1．扩大的情况

扩大型号的胸围尺寸（L码）85cm – 基本型号的胸围尺寸（M码）82cm =胸围尺寸差3cm

2．缩小的情况

基本型号的胸围尺寸（M码）82cm – 缩小型号的胸围尺寸（S码）79cm =胸围尺寸差3cm

得出胸围差后，即可求得与胸围差有关的各位置的缩放量。

（五）缩放量的分配方法

1．前后身片缩放量的分配（图7-17、图7-18）

前后身片分别以前后中心线与胸围线的交点作为样板缩放的基点。

在胸围线、腰围线上，原型整体被分割为12等份，所以每一等份的缩放量分别为 $\dfrac{胸围差}{12}$、$\dfrac{腰围差}{12}$。

O、A间分配的缩放量为 $\dfrac{腰围差}{12}$，将此量平分，即 $\dfrac{胸围差}{24}$ 为领口的缩放量；$\dfrac{胸围差}{24}$ 为

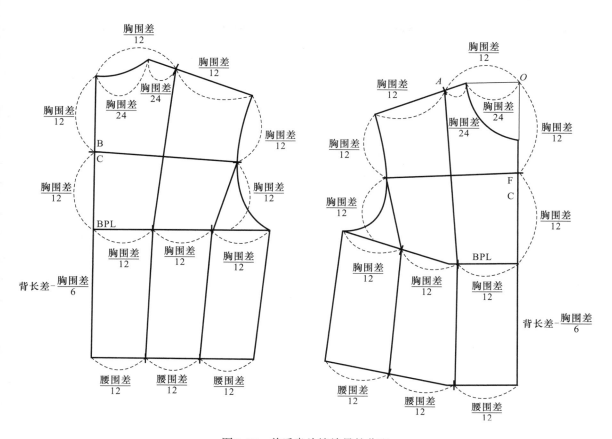

图7-17 前后身片缩放量的分配

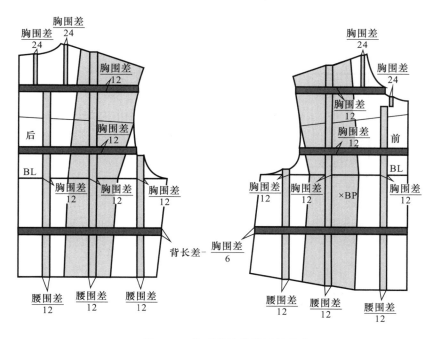

图7-18 前后身片缩放量的分配

肩的缩放量。

颈侧点的位置由于设计的变化有可能移动，此时缩放量的分配也要相应改变。

胸围线以上部分的缩放量为 $\dfrac{胸围差}{6}$，以下部分为背长差减去胸围线以上部分的缩放量，即为背长差 $-\dfrac{胸围差}{6}$。

2. 袖片缩放量的分配（图7-19～图7-21）

袖山基础线与袖山高的交点，作为袖子缩放的基点。袖子是缝在身片上的，袖子的缩放必须与身片的缩小、扩大一致。袖肥与身片袖窿线的缩放一致，每一等份为 $\dfrac{胸围差}{12}$。

袖山高的缩放量由身片袖窿深与袖山高的比率来决定。袖窿深为前后肩端点到袖窿最低点的平均高度。袖窿深的缩放量为 $\dfrac{胸围差}{6}$，而袖山高与袖窿深的比为3：4，故袖山高的缩放量为 $\dfrac{胸围差}{6}\times\dfrac{3}{4}$。

袖山基础线以下的缩放量为袖长差 $-\dfrac{胸围差}{6}\times\dfrac{3}{4}$。

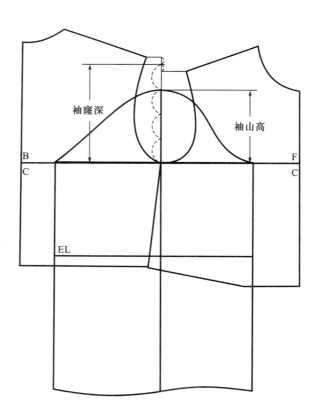

图7-19　袖片缩放量的分配

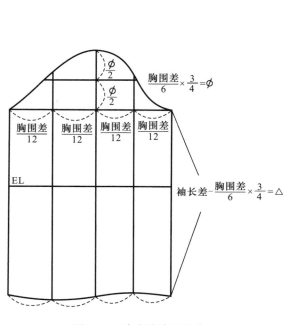

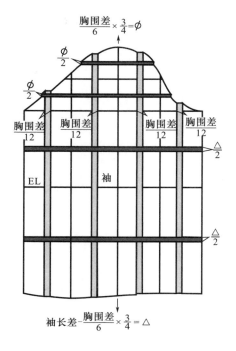

图7-20　袖片缩放量的分配

图7-21　袖片缩放量的分配

（六）缩放量的计算和标注

将分配的缩放量，沿样板轮廓线的各端点标注出来。如果有分割线设计的情况，必须将缩放量进行分散（图7-22、图7-23）。

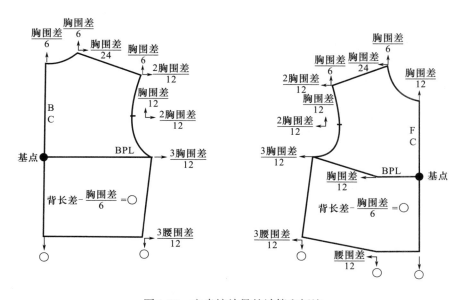

图7-22　衣身缩放量的计算和标注

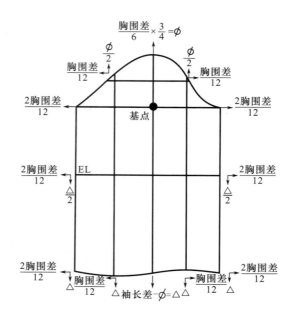

图7-23 袖片缩放量的计算和标注

注意:

（1）基点的变化会影响各端点的缩放量。

（2）基点不同，各端点所取的缩放量也不同。

（3）水平基线或者几乎趋近于同一水平基线上的点，其垂直方向的缩放量为零；垂直基线或者几乎趋近于同一垂直基线上的点，其水平方向的缩放量为零。

（4）如果以水平线与垂直线的交点作为基点，同一水平线上或趋近于同一水平线上的各点，其垂直缩放量相同；反之，其水平缩放量相同。

三、样板缩放的技法

原型缩放是样板缩放的基础，下面以文化式女子原型为例进行缩放：

缩放量：胸围差=3cm　　腰围差=3cm　　背长差=1cm　　袖长差=1cm

1. 后身片的缩放

（1）在作图纸上画出基本样板（图7-24）。

（2）根据所给的缩放量：胸围差=3cm、腰围差=3cm、背长差=1cm，计算出后身片各端点的缩放量（图7-25）。

（3）寻找缩放后新样板的各端点（图7-26）。

（4）连接直线部位（图7-27）。

（5）利用基本样板的弧线画出缩放后新样板的弧线（图7-28）。

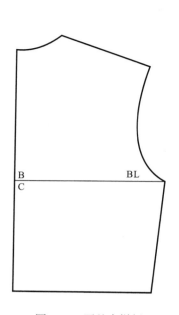

图7-24 画基本样板

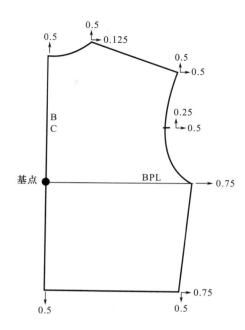

图7-25 计算各端点的缩放量

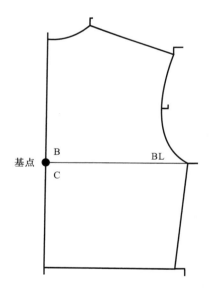

图7-26 寻找缩放后新样板的各端点

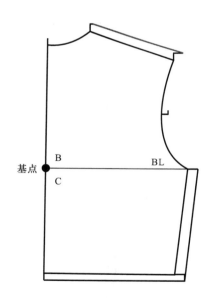

图7-27 连接直线部位

①领口线。基本样板的后颈中心与新样板的后颈中心重合，后中心线与新的后中心线重合画出领口弧线的 $\frac{1}{3}$；基本样板的颈侧点与新样板的颈侧点重合，肩线与新的肩线重合，画出领口弧线的 $\frac{1}{3}$；最后用基本样板的中央领口弧线连接新样板剩余的 $\frac{1}{3}$ 弧线。

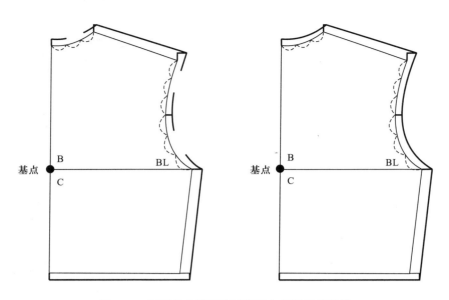

图7-28　利用基本样板的弧线画出新样板的弧线

②袖窿线。基本样板的肩端点与新样板的肩端点重合，肩线与新的肩线重合，画出袖窿的 $\frac{1}{3}$（肩端点到袖窿中间的 $\frac{1}{3}$）；基本样板袖窿的中间点与袖窿新的中间点重合，基本样板保持水平，上下分别画出 $\frac{1}{3}$ 的袖窿；基本样板的袖窿最低点与新的袖窿最低点重合，侧缝线与新的侧缝线重合，画出袖窿的 $\frac{1}{3}$（袖窿最低缝点至袖窿中间的 $\frac{1}{3}$）；最后用基本样板的中央袖窿弧线连接新样板剩余的 $\frac{1}{3}$ 弧线。

（6）后身片的缩放（图7-29）。

2. 前身片的缩放

前身片的缩放方法与后身片相同。

（1）根据所给的缩放量：胸围差=3cm、腰围差=3cm、背长差=1cm，计算出前身片各端点的缩放量（图7-30）。

（2）前身片的缩放图，如图7-31所示。

3. 袖的缩放

袖的缩放分两种方法。

（1）根据缩放量的分配进行操作。这种情况适合于与基本样板尺寸相近的扩大或缩小，此时适合率也比较高。

（2）先量出身片的袖窿尺寸，求出袖窿差

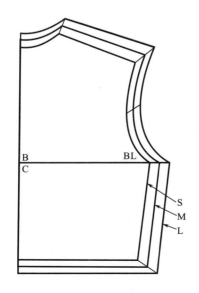

图7-29　后身片的缩放完成

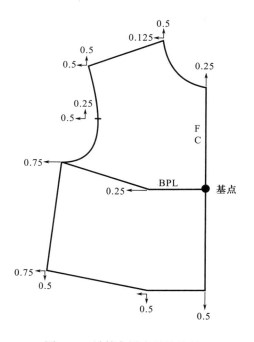

图7-30 计算各端点的缩放量

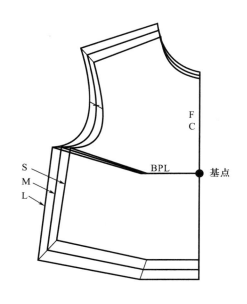

图7-31 前身片的缩放图

（图7-32），再根据袖窿差进行缩放。这种情况适合于与基本样板尺寸相差较大的扩大或缩小或者袖山高较低的情况（图7-33）。

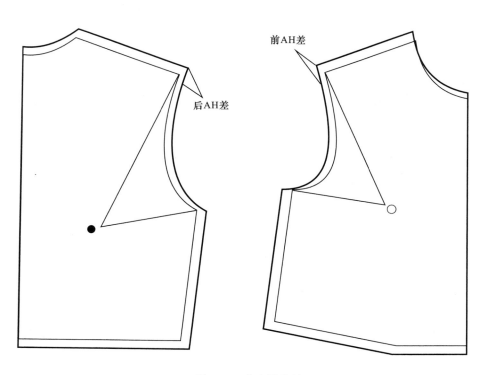

图7-32 求出袖窿差

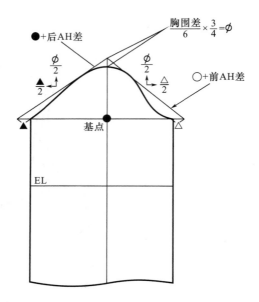

图7-33 根据袖窿差进行缩放

　　根据所给的缩放量：胸围差=3cm 、袖长差=1cm，计算出袖片各端点的缩放量，如图7-34所示。袖片的缩放，如图7-35所示。

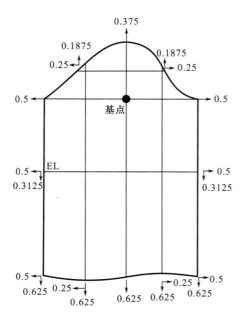

图7-34 计算各端点的缩放量

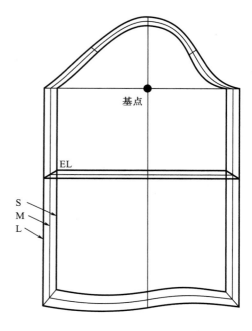

图7-35 袖片的缩放图

第三节 典型款式工业制板实例

案例一 裙子的工业用样板制作

一、设计说明

西服裙又叫紧身裙、筒裙，是裙子的基本型。一般从腰部到臀部紧贴身体，然后直线延长到下摆，呈直筒状，是贴身合体的裙子（图7-36、图7-37）。不论穿着者是什么年龄，西服裙都能充分表现女性的优雅与潇洒。

裙长根据流行和爱好确定。由于臀围余量较小，在步行时下摆的活动量较少，一般要设计开衩或放入褶裥来增加下摆活动量。另外，还可以进行单纯的横向、纵向，或不规则方向的分割设计。

选择面料时要考虑设计、穿着目的、季节、年龄，以及上下衣搭配的协调等，可以选择棉、麻、毛、化纤及化纤混纺等面料，以结实并具有弹性为佳，总之，使用的材料不同，呈现的穿着效果与风格也不同。

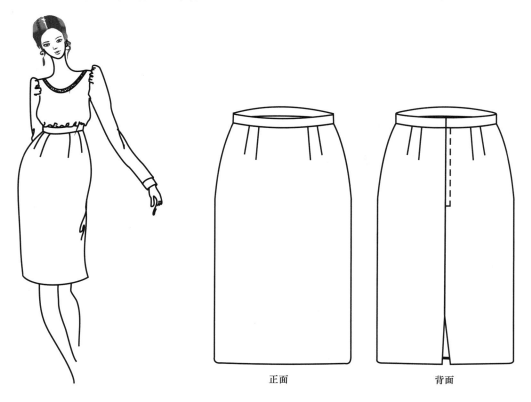

正面　　　　　　　　背面

图7-36 西服裙效果图　　　　　　　图7-37 西服裙款式图

二、标准西服裙成品尺寸规格设计（表7-14）

表7-14 标准西服裙成品尺寸规格表   单位：cm

规格尺寸＼部位	裙长	腰围	臀围	腰臀间距
150/59A	54	60	86	17
150/61A	54	62	88	17
155/61A	56	62	88	17.5
155/63A	56	64	90	17.5
155/65A	56	66	92	17.5
160/63A	58	64	90	18
160/65A	58	66	92	18
160/67A	58	68	94	18
165/65A	60	66	92	18.5
165/67A	60	68	94	18.5
165/69A	60	70	96	18.5
170/67A	62	68	94	19
170/69A	62	70	96	19
170/71A	62	72	98	19
175/71A	64	72	98	19.5
175/73A	64	74	100	19.5

三、标准西服裙的工业用样板制作

（一）西服裙的样板制作流程

1. 标准西服裙的板型设计（比例法）

模特体型：160/67A，西服裙尺寸规格见表7-15。

表7-15 西服裙尺寸规格表   单位：cm

规格尺寸＼部位	腰围（W）	臀围（H）	腰臀间距	裙腰宽	裙长	总裙长
净尺寸	67	90				
成品尺寸	68	94	18	3	55	58

尺寸规格说明：

腰围=68cm（根据季节、所穿内衣层数等确定成品腰围，一般情况，春夏季放1～2cm松量，作为饭前、饭后、呼气、吸气时的余量；秋冬季加放2～3cm松量）

臀围=94cm（根据季节、所穿内衣层数等确定成品臀围，一般情况，春夏季加放2～4cm松量；秋冬季加放4～6cm松量）

总裙长=58cm（裙长55cm+裙腰宽3cm）

腰臀间距=18cm（腰围线到臀围线的垂直距离。普通身高腰臀间距为18cm，它与人的身高有一定关系，身高越高，腰臀间距越大，一般情况下腰臀间距尺寸变化不大）

板型设计如图7-38所示。

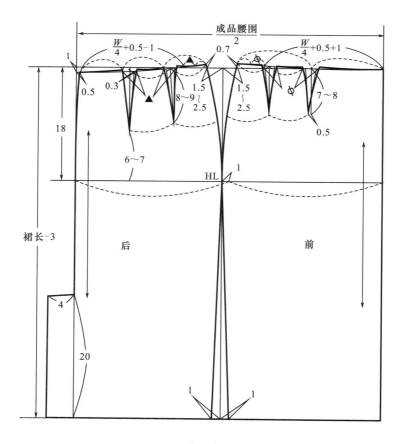

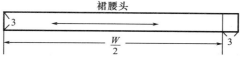

图7-38　标准西服裙板型设计

2. 拓取净样板

将制图中前裙片、后裙片、裙腰等净样板分别描绘在样板纸上。

注意：标注WL、HL等基础线；标注省缝、拉锁终止点、开衩终止点等细部设计；标注名称、型号、纱向、合印记号等。

3. 样板订正

（1）尺寸的订正。

围度尺寸的订正：腰围、臀围。

长度尺寸的订正：裙长、腰臀间距。

（2）缝合线的长度及连接线的状态的订正。

注意：缝合线的长度是否相等或合理；连接线的状态是否平滑、圆顺。

①折叠前腰省缝，订正前裙片腰围线；确认前裙片前中心线与腰围线是否垂直（图7-39）。

②折叠后腰省缝，订正后裙片腰围线；确认后裙片后中心线与腰围线是否垂直（图7-39）。

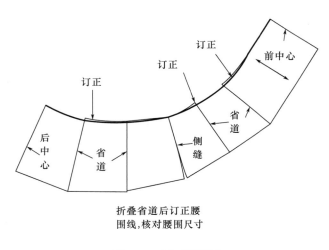

折叠省道后订正腰
围线，核对腰围尺寸

图7-39　订正腰围线

③订正前后裙片侧缝线的长度及腰围线、底边线的连接状态（图7-40）。

对齐前后裙片侧缝线，订正前后裙片腰围线、底边线，使前后裙片腰围线、底边线连接平滑、圆顺。

4. 缝份的处理（图7-41）

（1）缝份宽度根据各部位的缝制方法和材料的性质（比如材料厚度、材料的伸缩性、材料是否容易脱纱、材料的组织等）确定。

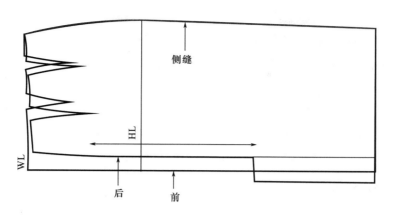

图7-40　核对前后侧缝线的长度

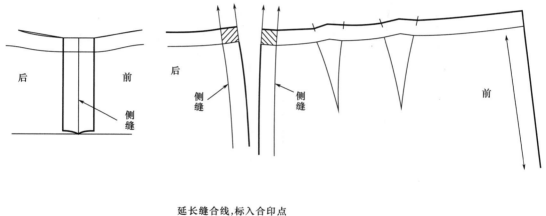

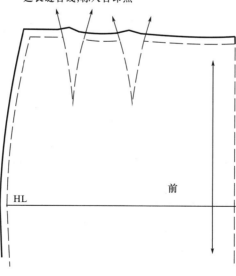

图7-41　缝份的处理

（2）缝合部位的缝份，原则上宽度相同。

（3）面料与里布的缝份宽度相同时，里料实缝缝份宽度稍小0.2～0.3cm；里料实缝缝份宽度与面料缝份宽度相同时，里布缝份稍大0.2～0.3cm；这0.2～0.3cm作为里料的余量。

（4）各裁片的缝份，按缝制顺序加放，注意角的处理。

（5）加放的缝份在净样线外侧，利用方眼定规绘制，注意与净样线平行。

（6）为了便于缝制，准确地制作出好的作品，原则上缝制开始和终了，缝份要相同。

（7）必要的位置作合印记号，合印记号与净样线垂直。

（二）工业用样板制作

1．标准西服裙的净样板制作（图7-42）

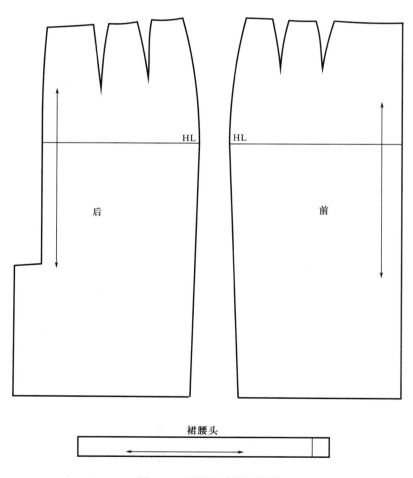

图7-42　西服裙净样板制作

2. 标准西服裙的样板缩放（表7-16）

表7-16　标准西服裙档差表　　　　　　　　　　　　　　　　　单位：cm

腰围差	臀围差	裙长差	腰臀间距差
3	3	2	0.5

　　裙子的缩放有两种情况，一种是缩放基点选择在臀围线上，另一种是缩放基点选择在腰围线上。

　　（1）缩放基点在臀围线上的情况，如图7-43~图7-45所示。

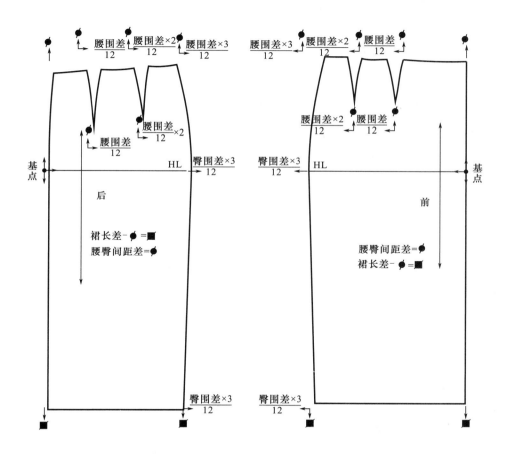

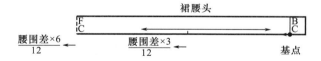

图7-43　基点在臀围线上的样板缩放量

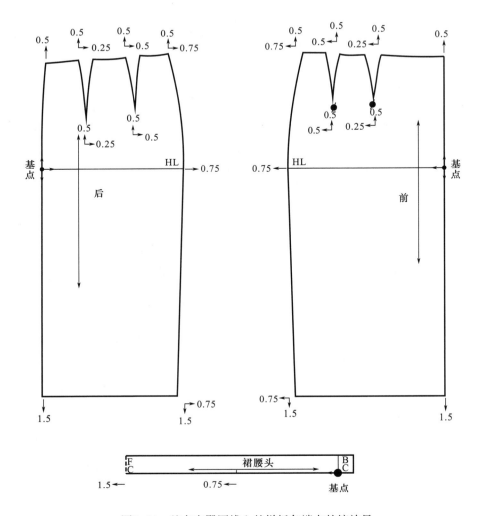

图7-44 基点在臀围线上的样板各端点的缩放量

（2）缩放基点在腰围线上的情况，如图7-46～图7-48所示。

（3）内容小结。

①省缝的缩放量在多号型的缩放中，有不同之处，通常为同一缩放量。

②省缝的位置与省缝的缩放量有密切关系。

③设计的变化影响省缝位置的变化，从而影响省缝的缩放量。

④省缝的缩放，只是省缝位置的移动，省缝的大小不变。

⑤裙腰宽，在缩放中不变。

⑥没有腰臀间距差时，腰省大小、长度都不变，只是位置移动；有腰臀间距差时，腰省大小不变，但位置要移动，长度也要发生变化。

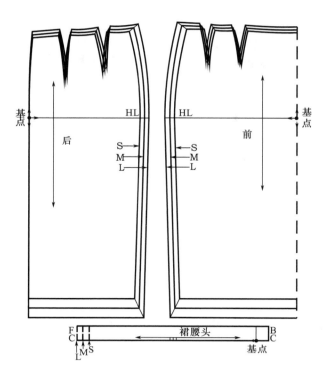

图7-45　基点在臀围线上的样板缩放图

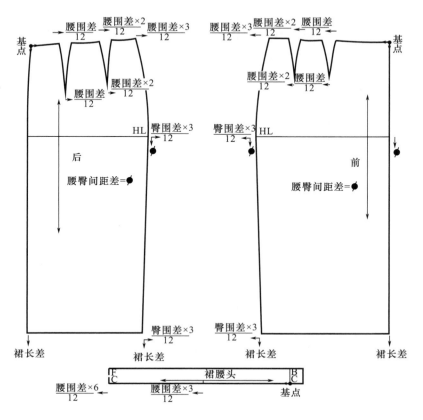

图7-46　基点在腰围线上的样板缩放量

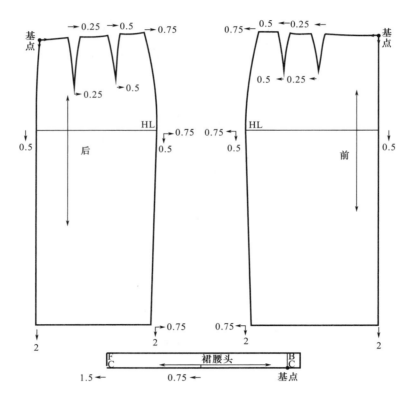

图7-47　基点在腰围线上的样板各端点的缩放量

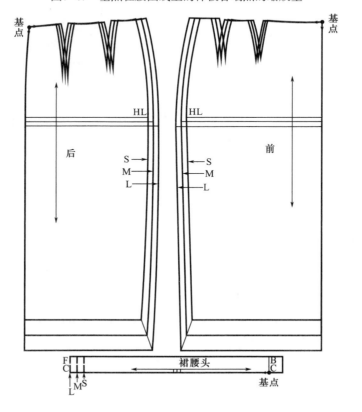

图7-48　基点在腰围线上的样板缩放图

案例二　裤子的工业用样板制作

一、设计说明

此款男西裤裤长至脚面，与西服上衣配套穿着，裤子左右两侧为斜插袋，左右后臀部为单牙挖袋；前裤片可根据体型尺寸打一个或两个褶裥，后裤片也可根据体型尺寸收一个或两个省道；此款男裤设计较为简单，不分年龄和职业，深受男士们的喜爱（图7-49、图7-50）。

图7-49　男西裤效果图

正面　　　　　　　　侧面

图7-50　男西裤款式图

男西裤面料一般采用棉、麻、毛料以及化纤混纺等。

二、标准男西裤成品尺寸规格设计（表7-17）

表7-17　标准男西裤成品尺寸规格表　　　　　　　　　　单位：cm

部位 规格尺寸	裤长	腰围	臀围	上裆长	脚口宽
170/74A	105	76	96	28	23
170/76A	105	78	98	28	23

续表

规格尺寸＼部位	裤长	腰围	臀围	上裆长	脚口宽
170/78B	105	80	98	28	23
170/80B	105	82	100	28	23
175/78A	108	80	100	29	24
175/80A	108	82	102	29	24
175/82A	108	84	104	29	24
175/84A	108	86	106	29	24
175/86B	108	88	106	29	24
175//88B	108	90	108	29	24
175//90B	108	92	110	29	24
175//92B	108	94	112	29	24
180//90A	111	92	112	30	25
180//92A	111	94	114	30	25
180/94B	111	96	114	30	25
180/96B	111	98	116	30	25

三、标准男西裤的工业用样板制作

（一）男西裤的样板制作流程

1. 标准男西裤的板型设计（比例法）

模特体型：175/82A，男西裤尺寸规格见表7–18。

表7–18　男西裤尺寸规格表

单位：cm

	腰围（W）	臀围（H）	裤长	上裆长	脚口宽	腰头宽
净尺寸	82	94				
成品尺寸	84	104	108	29	24	4

尺寸规格说明：

腰围=84cm（在腰部最细处围量一周，一般加放1～2cm余量）

臀围=104cm（在臀部最丰满处围量一周，一般加放8～12cm余量）

参考尺寸：

通裆尺寸——从腰围前中心，通过人体裆弯至腰围后中心的尺寸。一般裤子的通裆尺寸要比测量的通裆尺寸大，这样才不会兜裆。

板型设计如图7–51所示。

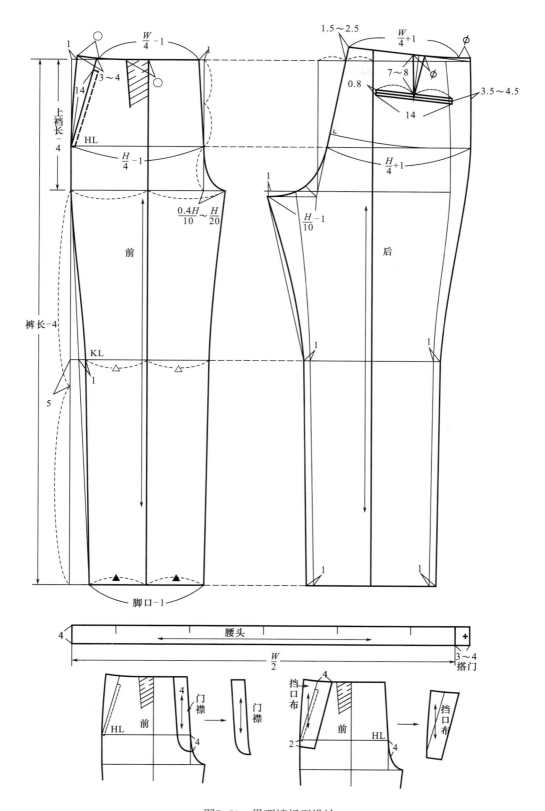

$$\frac{W}{4}-1 \qquad \frac{W}{4}+1$$

上裆长-4

HL

$$\frac{H}{4}-1 \qquad \frac{H}{4}+1$$

1.5～2.5

7～8

0.8

3.5～4.5

14

$$\frac{0.4H}{10}\sim\frac{H}{20}$$

$$\frac{H}{10}-1$$

前 后

裤长-4

KL

1

5

脚口-1

腰头

$$\frac{W}{2}$$

4

3～4
搭门

门襟

门襟

挡口布

挡口布

前 前

HL HL

图7-51　男西裤板型设计

2. 拓取净样板

将制图中前裤片、后裤片、裤腰等净样板分别描绘在样板纸上。

注意：标注WL、HL、横裆线、膝关节线、裤线等基础线；标注省道、折裥、袋位、门襟终止点等细部设计；标注名称、型号、纱向、合印记号等。

3. 样板订正

（1）尺寸的订正。

围度尺寸的订正：腰围、臀围。

宽度尺寸的订正：脚口宽。

长度尺寸的订正：裤长、上裆长。

（2）缝合线的长度及连接线的状态订正（图7-52）。

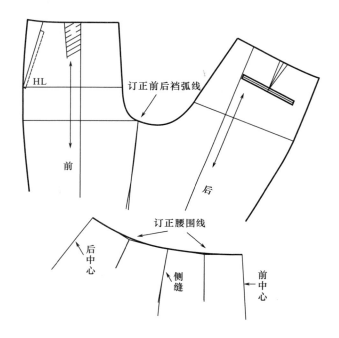

图7-52　连接线的订正

注意：缝合线的长度是否相等或合理；连接线的状态是否平滑、圆顺。

①订正前后裤片侧缝线的长度及腰围线、脚口线的连接状态。

②折叠前腰折裥，订正前裤片腰围线；确认前裤片上裆线与腰围线垂直。

③折叠后腰省道，订正后裤片腰围线；确认后裤片上裆线与腰围线垂直。

④订正前后裤片下裆线的长度及裆弯线、脚口线的连接状态。

⑤确认通裆尺寸。

4. 缝份的处理

（1）缝份宽度根据各部位的缝制方法确定。

（2）缝合部位的缝份，原则上宽度相同。

（3）各裁片的缝份，按缝制顺序加放，注意角的处理。

（4）加放的缝份在净样线外侧，利用方眼定规绘制，注意与净样线平行。

（5）为了便于缝制，准确地制作出好的作品，原则上缝制开始和终了，缝份要相同。

（6）在必要的位置作合印记号，合印记号与净样线垂直。

（二）工业用样板制作

1. 标准男西裤的净样板制作（图7-53）

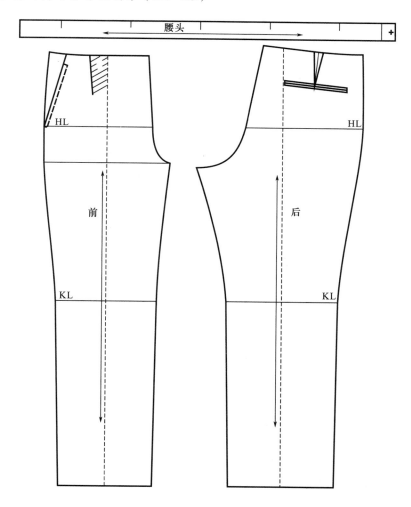

图7-53　标准男西裤的净样板制作

2. 标准男西裤的样板缩放（表7-19）

表7-19　标准男西裤档差表

单位：cm

腰围差	臀围差	裤长差	上裆差	脚口差
2	2	3	0.5	0.5

（1）标准男西裤样板缩放量的计算和标注，如图7-54所示。

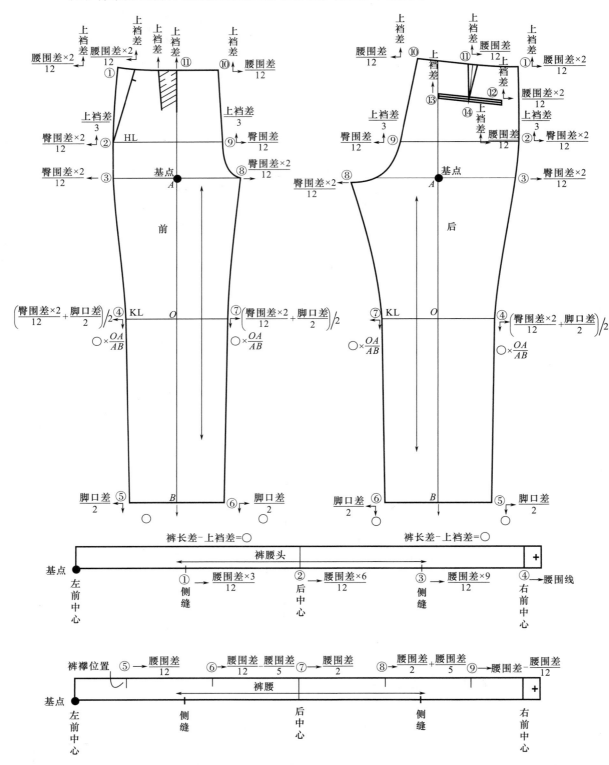

图7-54　标准男西裤样板缩放量的计算和标注

（2）标准男西裤样板各端点的缩放量，如图7-55所示。

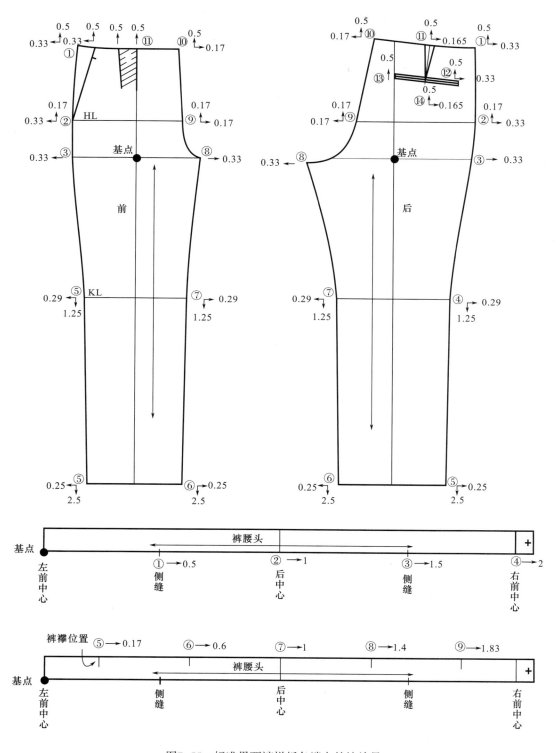

图7-55 标准男西裤样板各端点的缩放量

（3）标准男西裤的样板缩放图，如图7-56所示。

（4）内容小结。

①裤子腰围一周按人体分割为12份；裤子臀围一周按人体分割为12份；裤子上裆一周

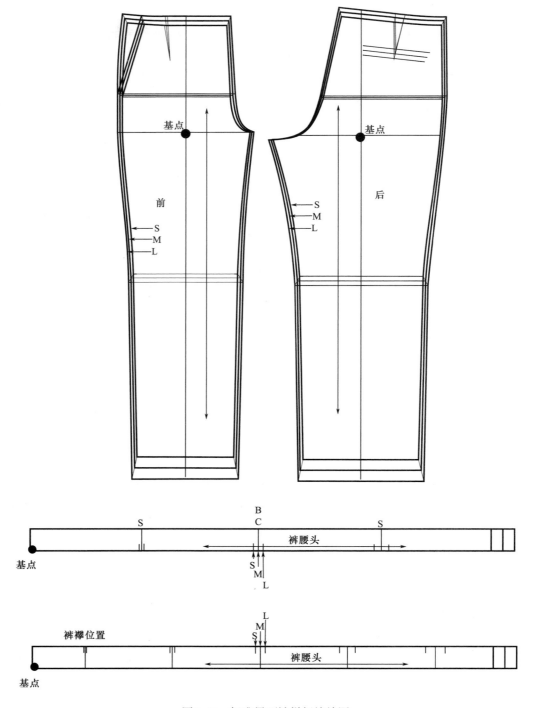

图7-56　标准男西裤样板缩放图

按人体分割为12份，前后小裆宽相当于人体厚度，占 $\dfrac{2}{12}$（图7-57）。

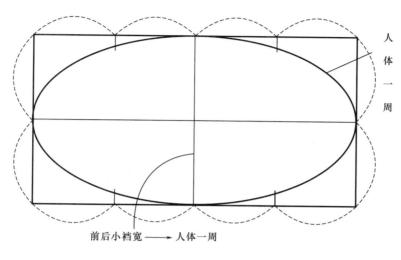

图7-57　按人体分割腰围、臀围、小裆宽

②在缩放中，裤腰的宽度不变，只是长度发生变化。

③裤腰串带将裤腰分为五等份，每份缩放量为 $\dfrac{腰围差}{5}$，后中心缩放量为 $\dfrac{腰围差}{2}$，后中心左右的两个串带其距离的缩放量为 $\dfrac{腰围差}{5}$。

④裤脚口要根据裤型进行缩放，裤脚口的缩放量可以是 $\dfrac{脚口差}{2}$、$\dfrac{臀围差}{12}$、$\dfrac{臀围差 \times 2}{12}$ 等。

⑤裤子斜插袋的大小、斜度、距侧缝的距离不变。

⑥腰省的大小、长度不变，只是位置发生移动。

⑦裤子挖袋距裤腰、侧缝的距离不变；后裤片为一个腰省或两个腰省时，腰省位置随裤子挖袋移动；挖袋和贴袋不同，挖袋在缩放中，只是移动位置，大小不变；号型尺寸相差特别大时，才发生变化；男裤口袋大小在一定范围内，可以不缩放，也可以定寸缩放。

案例三　衬衣的工业用样板制作

一、设计说明

此款男式衬衣属于男式基本型衬衣，与普通西服、运动西服、职业西服、办公套装等组合配套穿着，是男装中最常见、最传统、最经典的款式之一（图7-58、图7-59）。

其设计特征为：身片由前片、后片、过肩等构成。直腰身，圆下摆（也可以是直下

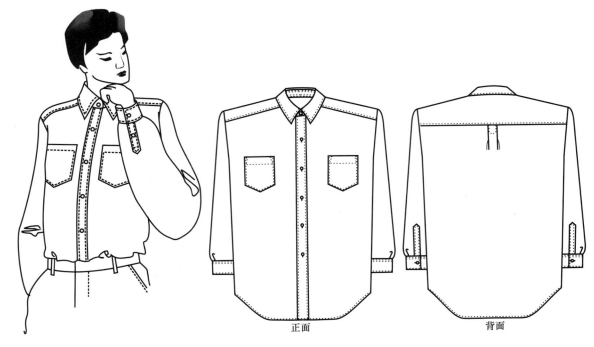

图7-58 男衬衣效果图   图7-59 男衬衣款式图

摆），左右胸前分别设计有一个贴袋，肩部横向分割设计为双层过肩，后背中心有一个褶裥，精致的前门襟是这件衬衣的亮点。领子为座领与翻领分割开的立翻式尖领。袖子为一片式落肩袖，利用袖克夫收袖口，袖口开衩是袖牌式开衩。

其制作工艺特征为：缝线处多为明线装饰。

面料一般采用棉、麻、丝以及棉纤混纺、麻纤混纺等。

二、标准男衬衣成品尺寸规格设计（表7-20）

表7-20 标准男衬衣成品尺寸规格表   单位：cm

规格尺寸 \ 部位	衣长	胸围	领围	肩宽	袖长	袖克夫围
155/78A	68	98	40	44	54	23
155/80A	68	100	40	44	54	23
160/82A	70	102	40～41	45	55.5	24
160/84A	70	104	40～41	45	55.5	24
165/86A	72	106	41	46	57	24
165/88A	72	108	41	46	57	24
170/90A	74	110	41～42	47	58.5	25
170/92A	74	112	41～42	47	58.5	25

续表

部位 规格尺寸	衣长	胸围	领围	肩宽	袖长	袖克夫围
175/94A	76	114	42	48	60	25
175/96A	76	116	42	48	60	25
180/98A	78	118	42~43	49	61.5	26
180/100A	78	120	42~43	49	61.5	26
185/102A	80	122	43	50	63	26
185/104A	80	124	43	50	63	26

三、标准男衬衣的工业用样板制作

（一）男衬衣的样板制作流程

1. 标准男衬衣的板型设计（比例法）

模特体型：175/94A，标准男衬衣尺寸规格见表7-21。

表7-21 标准男衬衣尺寸规格表 单位：cm

部位 规格尺寸	胸围 （B）	衣长	背长	领围	肩宽	袖长	袖克夫长/宽
净尺寸	94		48		44	56	
成品尺寸	114	76		42	48	60	25/6

尺寸规格说明：

胸围=114cm（通过左右腋窝点，在人体上半身胸部最丰满处水平围量一周，一般加放20cm左右的余量）

衣长=76cm（从后颈中心点到衣服下摆的垂直距离）

领围=42cm（颈根稍靠上，在脖颈处围量一周，一般放入一根手指的余量，是制作基本型衬衣的必要尺寸）

肩宽=48~50cm（通过后颈中心点，测量左右肩端点之间的距离，一般左右分别加放2~3cm的余量和落肩量）

袖长=60cm（肩端点到腕关节点之间的长度，一般加放3~4cm的余量）

袖克夫围=25cm（腕关节处围量一周的长度，一般加放3~4cm布的厚度量、活动余量、搭合量）

袖克夫宽=6cm（一般多为5~6cm宽）

板型设计：

（1）身片板型设计，如图7-60所示。

注意：钉纽扣的位置、纽扣的大小与扣眼大小及扣眼位置的关系。

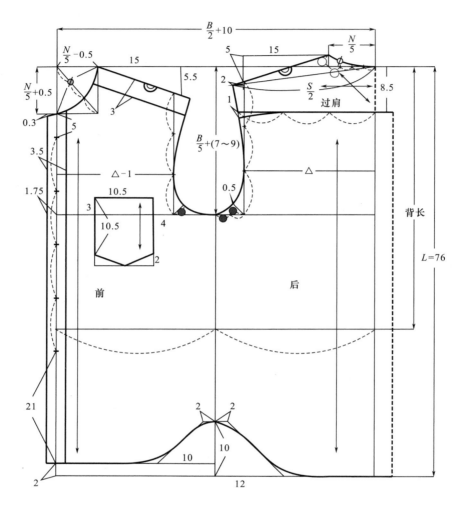

图7-60　标准男衬衣身片板型设计

扣位确定以后，根据扣子的直径，确定扣眼大小。

扣眼大小=扣子的直径+扣子的厚度。

根据扣位及扣眼大小，确定扣眼位置。

竖扣眼与扣位的关系有如下两种：一种扣位在竖扣眼中央；另一种是将扣位向上0.2～0.3cm，然后向下量竖扣眼大小（图7-61）。

横扣眼与扣位的关系只有一种：扣位向门襟边偏移0.2～0.3cm，然后向身片内侧量横扣眼大小（图7-62）。

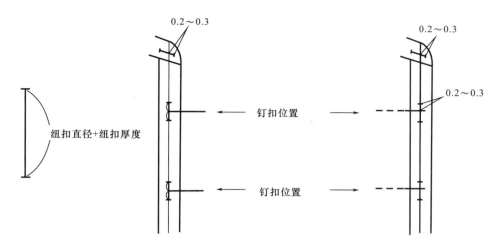

图7-61　竖扣眼与扣位的关系

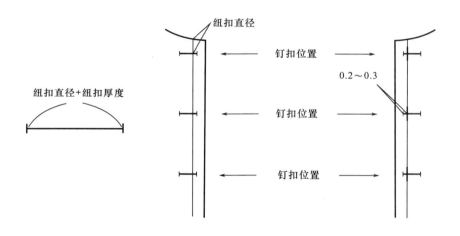

图7-62　横扣眼与扣位的关系

（2）袖子板型设计如图7-63所示。

（3）领子板型设计如图7-64所示。

根据前后领口线的长度、座领前后中心的宽度，领子前中心抬高的尺寸，画领座、翻领。

2. **拓取净样板**

将制图中前身片、后身片、过肩、袖子等净样板分别描绘在样板纸上。

注意：标注BL、FCL、BCL等基础线，标注袋位、扣位等细部设计，标注名称、型号、纱向、合印记号等。

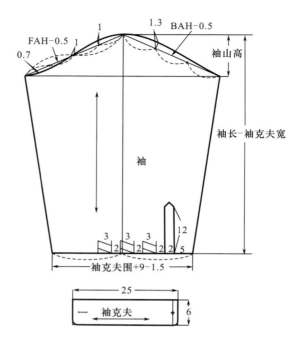

图7-63　标准男衬衣袖子板型设计

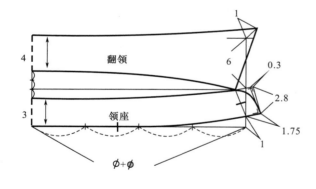

图7-64　标准男衬衣领子板型设计

3. 样板订正

（1）尺寸的订正。

围度尺寸的订正：胸围、领围、袖克夫围。

宽度尺寸的订正：肩宽。

长度尺寸的订正：衣长、袖长。

（2）缝合线的长度及连接线的状态订正。

注意：缝合线的长度是否相等或合理；连接线的状态是否平滑、圆顺。

①订正前后身片侧缝线的长度及袖窿线、底边线的连接状态。

②订正前后身片肩缝线的长度及袖窿线、领口线的连接状态。

③确认前后身片领口线与领子的绱领线的长度。

④确认前后身片袖窿线与袖子的袖山弧线的长度。

⑤确认袖克夫长与袖子的袖口线的长度。

（二）工业用样板制作

1. **标准男衬衣的净样板制作（图7-65）。**

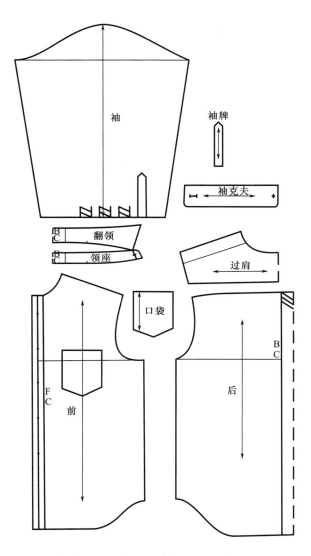

图7-65　标准男衬衣的净样板制作

2. **标准男衬衣的样板缩放（表7-22）**

表7-22　标准男衬衣档差表

单位：cm

胸围差	臀差	衣长差	袖长差	袖口差
3	3	2	1	1

（1）标准男衬衣样板缩放量的计算和标注，如图7-66所示。

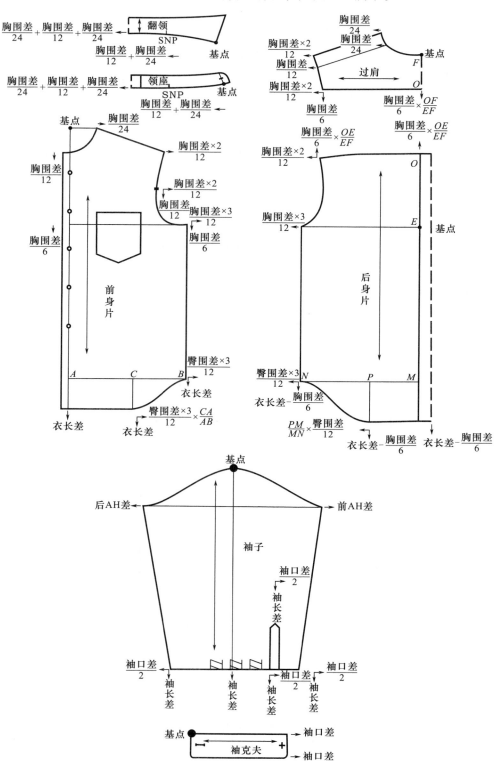

图7-66　标准男衬衣样板缩放量的计算和标注

图7-66是在不考虑缩放量方向时领子的缩放方法，考虑缩放量的方向时，领子缩放方法如图7-67所示。

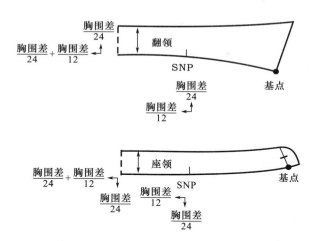

图7-67　领子的缩放方法（考虑缩放方向）

前衣身上口袋的缩放，如图7-68所示。

（2）男衬衣样板各端点的缩放量，如图7-69、图7-70所示。

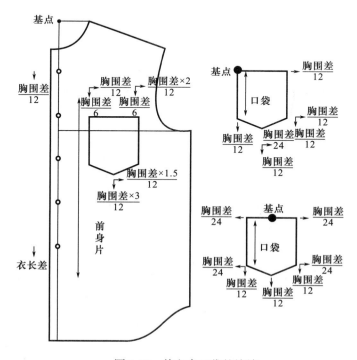

图7-68　前衣身口袋的缩放

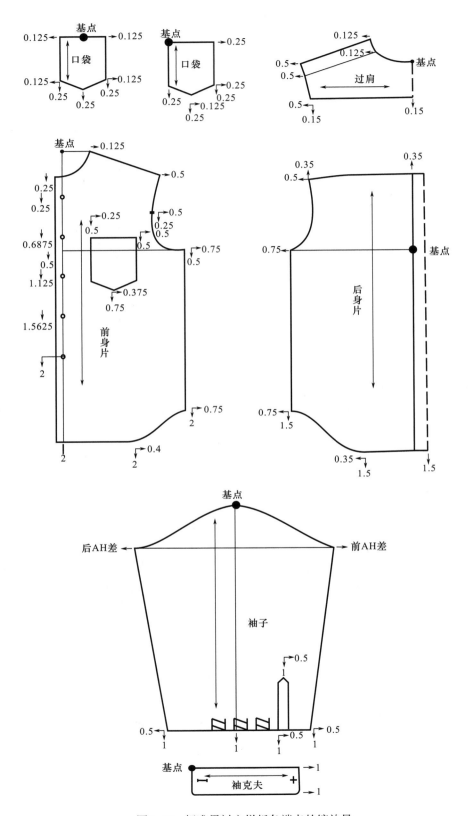

图7-69 标准男衬衣样板各端点的缩放量

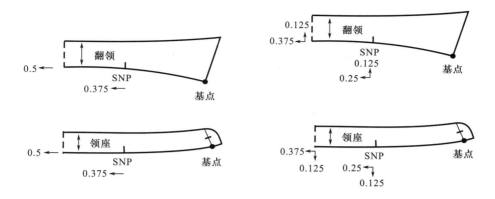

图7-70　领子的两种缩放方法

（3）男衬衣样板的缩放图，如图7-71所示。

（4）内容小结。

①门襟的幅宽，除了特别指定的情况下，一般不缩放。

②扣子的位置在缩放时，首先用第一粒扣子与最后一粒扣子的间距差（例如：M号的第一粒扣子与最后一粒扣子的间距减去S号的第一粒扣子与最后一粒扣子的间距）除以扣子的粒数-1，然后分配到扣子间隔中去。

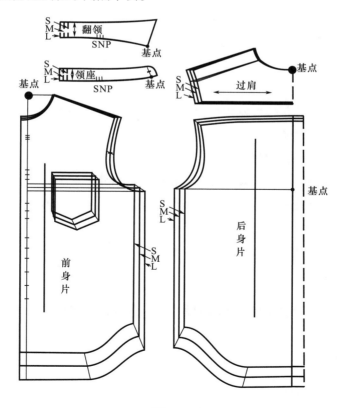

图7-71

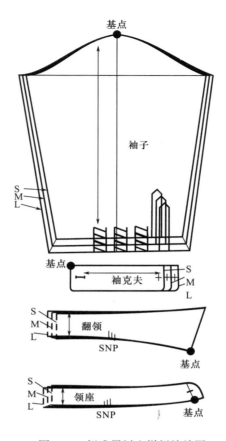

图7-71　标准男衬衣样板缩放图

③贴袋在缩放时，不仅位置发生变化，而且大小也发生变化；贴袋的位置距袖窿线、BL的距离不变。如果贴袋有袋盖，袋盖的宽度不变。

④立领、翻领的宽，在缩放中不变。

⑤袖口卡夫的宽度、袖口开衩的长度，在缩放中不变。

⑥落肩袖，要注意观察袖山的高度，袖山高较低时，袖山高不缩放。

⑦在衬衣下摆的缩放中，不论衬衣的下摆是圆摆还是直摆，垂直向下的缩放量相同。

⑧缩放完成后，确认一下袖山线与袖窿线、袖山线吃量与面料、领口线与领子的绱领线是否匹配。

案例四　男西服的工业用样板制作

一、设计说明

此款男西服身片由前、侧、后六片构成。门襟为单排两粒扣，领子为平驳头西服领，袖子为两片西服袖，前摆为圆摆，左前身片设计了一个胸袋、左右前身片分别设计了一个双袋牙带袋盖的挖袋和一个腰省；是设计较为简单的基本型男西服（图7-72、图7-73）。

图7-72　男西服效果图　　　　　　　正面　　　　　　　　　　　背面

图7-73　男西服款式图

根据流行、爱好、款式决定衣服的造型，如H型、X型、V型，设计串口线的高度与斜度，决定翻驳终止点的位置（两粒扣、三粒扣、四粒扣等），以及领子的形状、前摆的形状、口袋的形状，还可以进行开衩的设计变化，同时也可以使用不同的材料，来呈现不同的穿着效果与风格。

面料一般采用棉、麻、毛料及其混纺、化纤混纺、皮革、合成皮革等。

二、平驳头两粒扣标准男西服成品尺寸规格设计（表7-23）

表7-23　平驳头两粒扣标准男西服成品尺寸规格表　　　　　单位：cm

规格尺寸＼部位	衣长	胸围	腰围（参考）	臀围	肩宽	袖长	袖口宽
160/86A	70	106	95	103	44	58	13.5
165/89A	72	109	98	106	45	59	14

续表

规格尺寸 \ 部位	衣长	胸围	腰围（参考）	臀围	肩宽	袖长	袖口宽
170/92A	74	112	101	109	46	60	14.5
175/95A	76	115	104	112	47	61	15
180/98A	78	118	107	115	48	62	15.5
185/101A	80	121	110	118	49	63	16
190/104A	82	124	113	121	50	64	16.5
档差	2	3	3	3	1	1	0.5

三、标准男西服的工业用样板制作

（一）男西服的样板制作流程

1. 标准男西服的板型设计（比例法）

模特体型：175/95A，男西服尺寸规格见表7-24。

表7-24　男西服尺寸规格表 单位：cm

	胸围	腰围	臀围	肩宽	袖口宽	背长	袖长	衣长
净尺寸	95	83+1	95	44		48	56	
成品尺寸	115		112	47	15		61	76

尺寸规格说明：

胸围=112cm（通过左右腋下点，在人体上半身最丰满处围量一周。根据流行、爱好、款式造型、季节、所穿内衣、体型等确定胸围余量的加放，一般加放量为16~20cm）

腰围=102cm（以胯骨为基准，在胯骨上方2cm处，或腰部系腰带的位置围量一周）

臀围=112cm（在臀部最丰满处围量一周。根据西服造型（H型、X型、V型），决定臀围加放的余量，一般加放12~16cm余量，最少不能低于10cm）

板型设计如图7-74所示。

2. 拓取净样板

将制图中前身片、腋下片、后身片、大袖、小袖、领子等净样板分别描绘在样板纸上。

注意：标注BL、WL、HL、FCL、BCL等基础线；标注省道、口袋、扣位等设计细节的位置；标注样板名称、纱向及合印记号等。

3. 样板订正

（1）尺寸的订正。

围度尺寸的订正：胸围、腰围、臀围。

宽度尺寸的订正：肩宽、背宽、胸宽、袖口宽。

长度尺寸的订正：衣长、后衣长、前衣长、袖长。

（2）缝合线的长度及连接线的状态订正，如图7-75所示。

检查缝合线的长度是否相等或合理；连接线的状态是否平滑、圆顺。

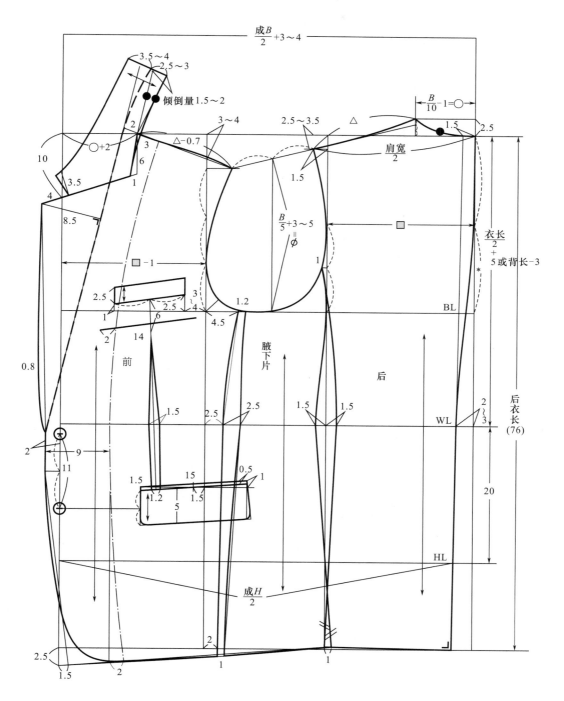

图7-74

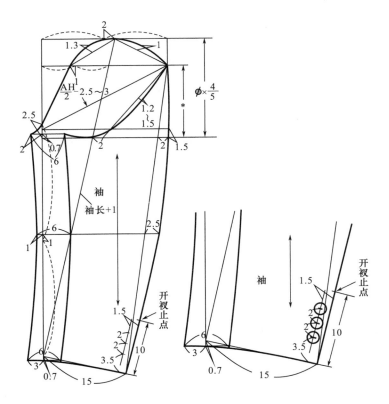

图7-74　男西服板型设计

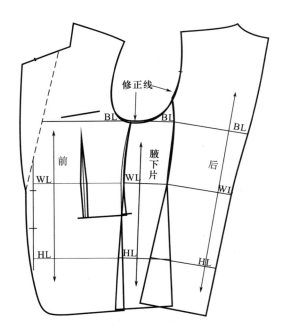

图7-75　缝合线和连接线的订正

①对齐前后肩线，使前后颈侧点重合，订正前后领口线，使前后领口弧线连接平滑、圆顺，并确认后肩吃量。

②对齐前后肩线，使前后肩端点重合，订正前后袖窿线，使前后袖窿弧线连接平滑、圆顺，并确认后肩吃量。

③以腰围线为基准，对齐前身、腋下、后身腰围线上下缝合线的长度，订正身片底边线和袖窿线，使身片底边线和袖窿弧线连接平滑、圆顺。

④以肘关节线为基准，对齐大小袖袖肘线上下的外侧缝线和内侧缝线缝合线的长度，订正袖山线、袖口线，使大小袖的袖山线、袖口线连接平滑、圆顺。

（3）其他。

①确认领子的绱领线与身片领口线的长度，一般领子的绱领线与身片领口线长度相等。

②确认袖山线与袖窿线之差，即袖山吃量。

袖山吃量=袖山线长度–袖窿线长度

（二）工业用样板制作

1. 男西服的净样板制作（图7-76）

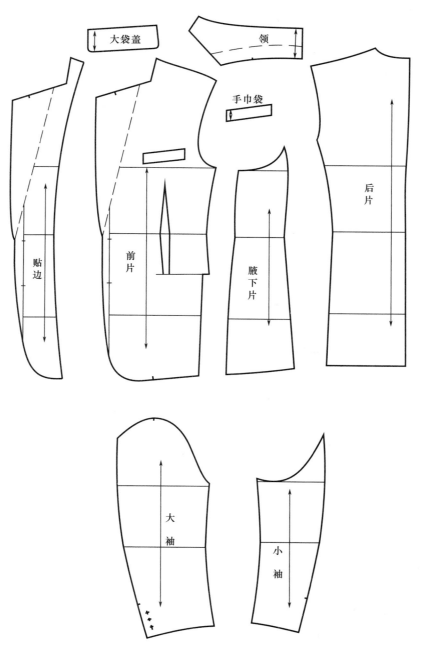

图7-76　男西服净样板制作

2. 平驳头两粒扣标准男西服的样板缩放（表7-25）

表7-25　男西服档差表

单位：cm

胸围差	腰围差	臀围差	背长差	衣长差	袖长差
3	3	3	1	2	1

（1）平驳头两粒扣标准男西服样板缩放量的计算和标注。

①前片及袋位、省位、扣位的缩放，如图7-77所示。

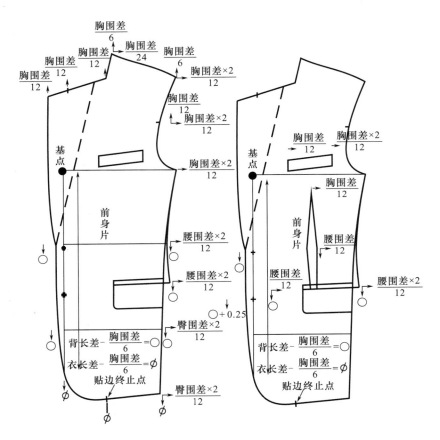

图7-77　前片及袋位、省位、扣位的缩放

②基点在不同位置的腋下片的缩放，如图7-78所示。

③后片的缩放如图7-79所示。

④大袖与小袖的缩放，如图7-80所示。

⑤贴边、领子、口袋的缩放，如图7-81所示。

（2）平驳头两粒扣标准男西服样板各端点的缩放量，如图7-82所示。

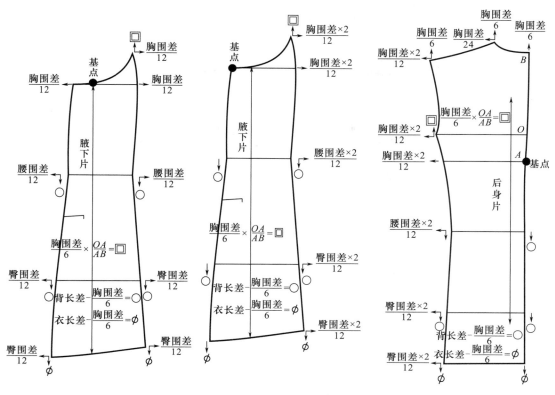

图7-78 基点在不同位置的腋下片的缩放

图7-79 后片的缩放

$$\square \times \frac{OE}{EF} = \boxtimes$$

$$\frac{胸围差}{6} \times \frac{4}{5} = \square$$

$$袖长差 - \square = \circledcirc$$

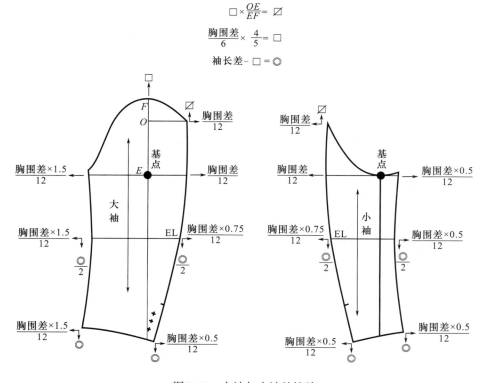

图7-80 大袖与小袖的缩放

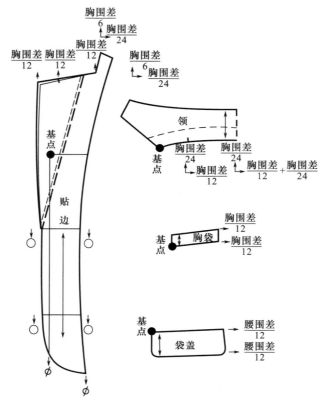

图7-81　贴边、领子、口袋的缩放

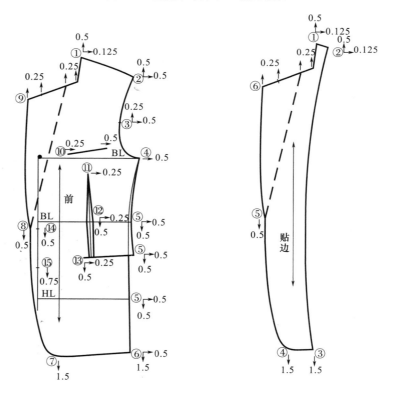

图7-82

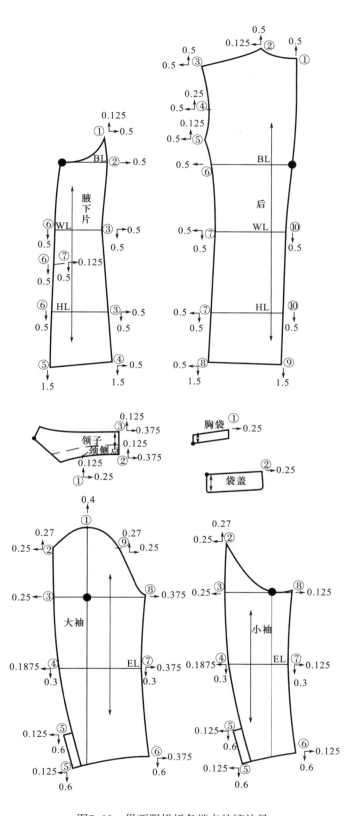

图7-82　男西服样板各端点的缩放量

（3）平驳头两粒扣标准男西服样板的缩放图，如图7-83所示。

（4）内容小结。

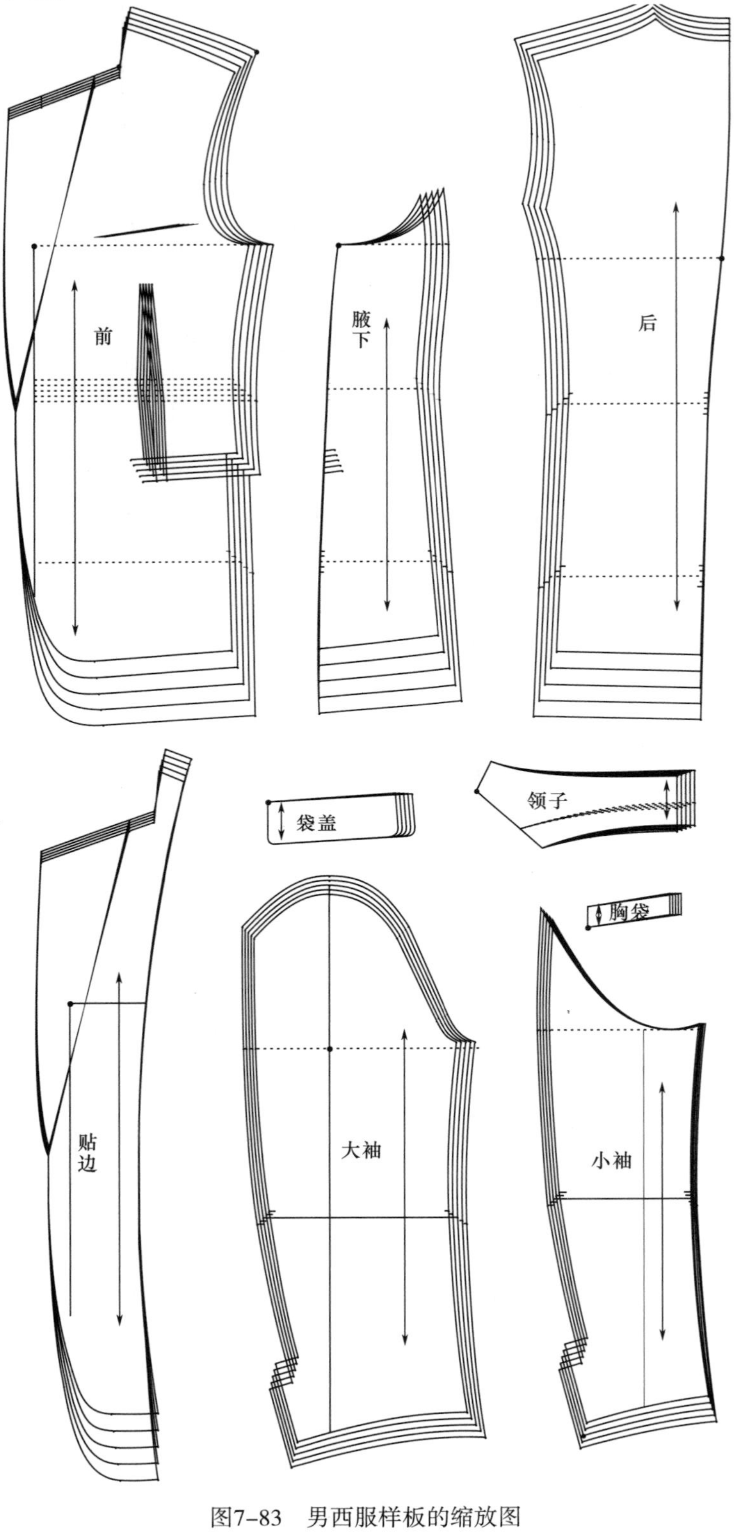

图7-83　男西服样板的缩放图

①平驳头领子宽度不变，长度发生变化；身片驳头的宽度不变，长度发生变化。

②单排扣门襟宽度不变，长度发生变化；圆摆斜度发生变化，形状相似。

③贴边、胸袋牙、腰袋盖及腰袋牙宽度不变。

④腰省的位置移动，长度发生变化，大小不变。

⑤分割线将身片分割为前身片、侧片、后身片；在胸围处，前、侧、后身片分别含人体前胸宽度、人体厚度、人体后背宽度，故前身片、侧片、后身片的水平缩放量为 $\dfrac{\text{胸围差} \times 2}{12}$。

⑥袖子从上至下的缩放量分别为袖肥处 $\dfrac{4}{12}$ 胸围差、肘关节处 $\dfrac{3.5}{12}$ 胸围差、袖口处 $\dfrac{3}{12}$ 胸围差，缩放时按此量进行分配，此款男式西服袖大小袖外侧缝没有互借，故水平缩放量相同。

⑦男西服的扣距、口袋大小在衣长差、胸围差相差不大时可以不缩放，也可以按定寸缩放。

案例五　刀背线女西服的工业用样板制作

一、设计说明

此款女西服身片被刀背线分割成八片，利用刀背线束腰扩臀或包臀，整体为X造型，刀背线在设计线中属于纵向分割线，对女性服装造型的影响与公主线相同；门襟为双排两粒扣，领子为"V"型戗驳头西服领，袖子为两片构成的女式西服袖，前下摆采用斜角摆，口袋为单牙带袋盖挖袋，衣长大约在臀围线附近，是一款简洁而庄重的职业女性日常装（图7-84、图7-85）。

图7-84　女西服效果图

正面

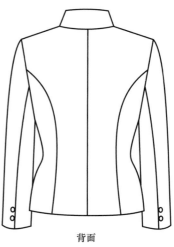
背面

图7-85　女西服款式图

女西服可根据流行与爱好自由决定衣服的长度、驳头与领的形状、前摆的形状以及口袋的形状，同时也可以使用不同的材料，以呈现不同的穿着效果与风格。

面料一般采用棉、麻、毛料及其混纺、化纤混纺、皮革、合成皮革等。

二、刀背线女西服成品尺寸规格设计（**表7-26**）

表7-26　刀背线型女西服成品尺寸规格表　　　　　　　单位：cm

部位 规格尺寸	衣长	胸围	臀围	肩宽	袖长	袖口宽
155/76A	55	89	94	38	53	12.5
155/79A	55	92	97	39	53	12.5
160/79A	57	92	97	39	54	12.5
160/82A	57	95	100	40	54	13
160/85A	57	98	103	41	54	13
165/82A	59	95	100	40	55	13
165/85A	59	98	103	41	55	13
165/88A	59	101	106	42	55	13
170/85A	61	98	103	41	56	13
170/88A	61	101	106	42	56	13
170/92A	61	105	110	43	56	13.5
175/92A	63	105	110	43	57	13.5
175/96A	63	109	114	44	57	13.5

三、刀背线女西服的工业用样板制作

（一）刀背线女西服的样板制作流程

1. 刀背线女西服的板型设计

模特体型：160/82A，女西服尺寸规格见表7-27。

表7-27　女西服尺寸规格表　　　　　　　单位：cm

部位 规格尺寸	胸围	臀围	肩宽	袖口宽	袖长	衣长
净尺寸	82	90	39		52	
成品尺寸	95	100	40	13	54	57

板型设计（使用160/82A文化女子原型）：

（1）身片与领子，如图7-86所示。

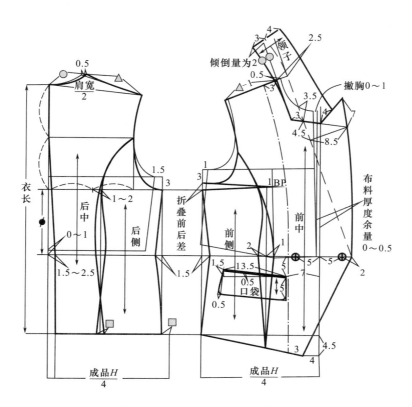

图7-86 身片与领子的板型设计

前身片原型的放置：在前中心领口处撇胸0～1cm，放置前身片原型，并在前中心加放0～0.5cm布料的厚度松量，画FCL。

后身片原型的放置：将前身片原型的腰围线上抬0～1cm，放置后身片原型。

（2）袖子设计：测量前后袖窿大小、前后袖窿深；根据袖窿深确定袖山高，袖山高=$\frac{4}{5}$袖窿深，如图7-87、图7-88所示。

最后确认袖山吃量，袖山吃量=袖山弧线长-前后AH之和，一般为3～3.5cm。

注意袖窿深、袖窿形状、袖窿大小与袖山高、袖山形状、袖山大小之间的关系以及袖窿大小、袖山大小与袖山吃量之间的关系。

（3）其他。

板型设计完成后，一定要确认三围尺寸、衣长、袖长、肩宽、袖口宽、袖山吃量等是否符合成品规格的要求。不要忘记标注纱向、名称及扣位等细部。

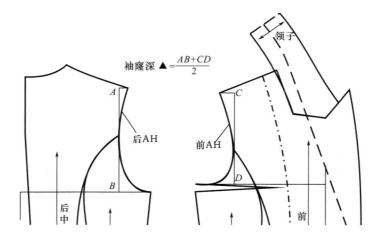

$$袖窿深\ \blacktriangle=\frac{AB+CD}{2}$$

图7-87 袖窿深的确定

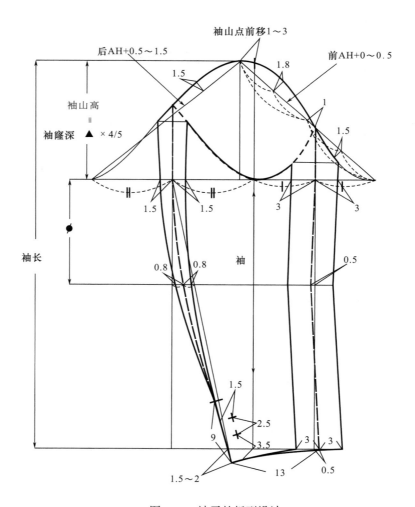

图7-88 袖子的板型设计

2．拓取净样板

将制图中前中心片、前侧片、后中心片、后侧片、大袖、小袖、领子等净样板分别描绘在样板纸上。

注意：标注BL、WL、HL、FCL、BCL等必要线；标注口袋、扣位等设计细节的位置；标注样板名称、纱向及合印记号等。

3．样板订正

（1）尺寸的订正。

围度尺寸的订正：胸围、腰围、臀围。

宽度尺寸的订正：肩宽、背宽、胸宽、袖口宽。

长度尺寸的订正：衣长、后衣长、前衣长、袖长。

（2）缝合线的长度及连接线的状态订正。

检查缝合线的长度是否相等或合理；连接线的状态是否平滑、圆顺。

①对齐前后肩线，使前后颈侧点重合，订正前后领口线，使前后领口弧线连接平滑、圆顺，并确认后肩吃量。

②对齐前后肩线，使前后肩端点重合，订正前后袖窿线，使前后袖窿弧线连接平滑、圆顺，并确认后肩吃量。

③以腰围线为基准，对齐前中心片、前侧片腰围线上下的缝合线的长度，订正身片底边线和袖窿线，使身片底边线和袖窿弧线连接平滑、圆顺。

④以腰围线为基准，对齐后中心片、后侧片腰围线上下的缝合线的长度，订正身片底边线和袖窿线，使身片底边线和袖窿弧线连接平滑、圆顺。

⑤以腰围线为基准，对齐前侧片、后侧片腰围线上下的缝合线的长度，订正身片底边线和袖窿线，使身片底边线和袖窿弧线连接平滑、圆顺。

⑥以肘关节线为基准，对齐大小袖袖肘线上下外侧缝线和内侧缝线的长度，订正袖山线、袖口线，使大小袖的袖山线、袖口线连接平滑、圆顺。

（3）其他。

①确认领子的绱领线与身片领口线的长度，一般领子的绱领线与身片领口线等长。

②确认袖山线与袖窿线之差，即袖山吃量。

袖山吃量=袖山线长度−袖窿线长度

4．样板制作

注意：（1）领面与里领样板的制作。

（2）贴边样板的制作。

（3）里袖样板的制作。

（4）样板角的处理。

（二）工业用样板制作

1. *刀背线型女西服的净样板制作*（图7–89）

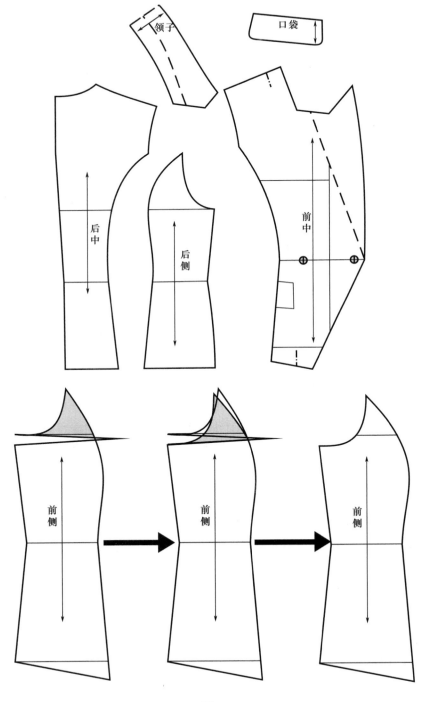

图7–89

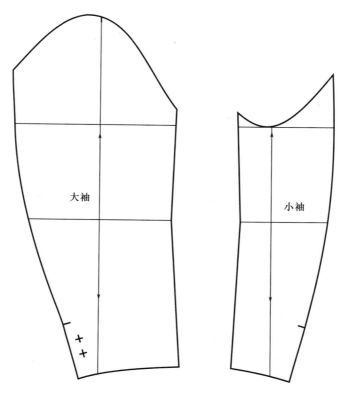

大袖

小袖

图7-89　女西服的净样板制作

2. 刀背线女西服的样板缩放（表7-28）

表7-28　女西服的档差表　　　　　　　　　　单位：cm

胸围差	腰围差	臀围差	背长差	衣长差	袖长差
3	3	3	1	2	1

（1）刀背线女西服样板缩放量的计算和标注。

①前中与前侧身片，如图7-90所示。

②后中、后侧身片、贴边与领子，如图7-91所示。

③袋位与袋盖，如图7-92所示。

④大袖与小袖，如图7-93所示。

（2）刀背线型女西服样板各端点的缩放量，如图7-94所示。

（3）刀背线女西服样板的缩放图，如图7-95所示。

（4）内容小结。

①戗驳头领子宽度不变，长度发生变化；戗驳头宽度不变，长度发生变化。

②双排扣门襟宽度不变，长度发生变化；斜角摆斜度发生变化，形状相似。

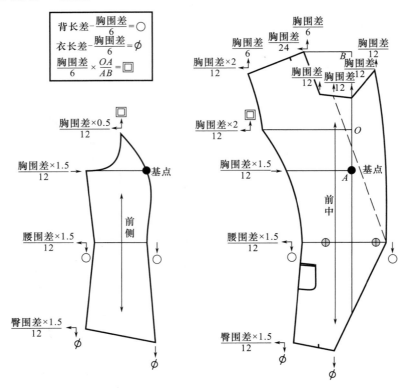

图7-90　前中与前侧身片样板缩放量的计算和标注

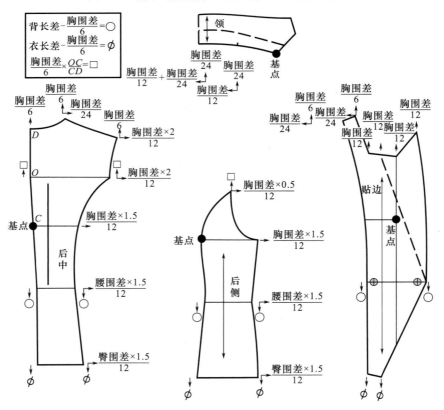

图7-91　后中、后侧身片、贴边与领子样板缩放量的计算和标注

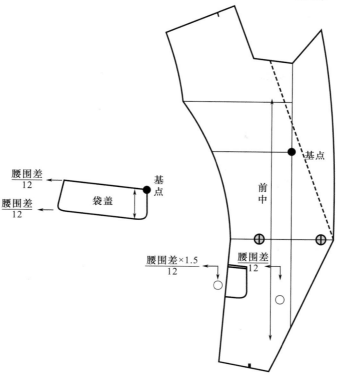

图7-92 袋位与袋盖样板缩放量的计算和标注

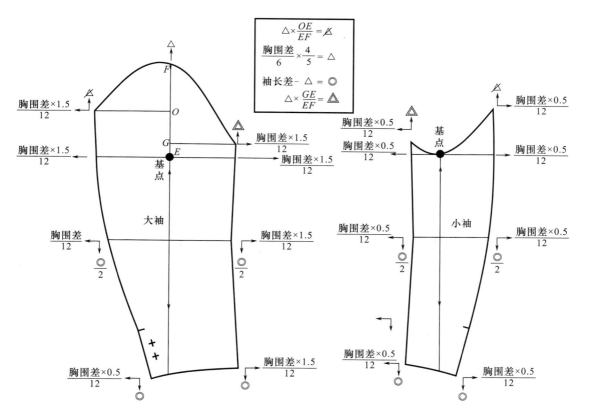

图7-93 大袖与小袖样板缩放量的计算和标注

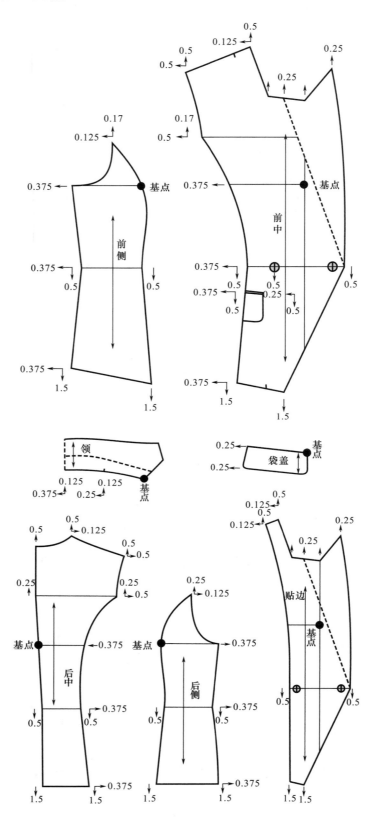

图7-94

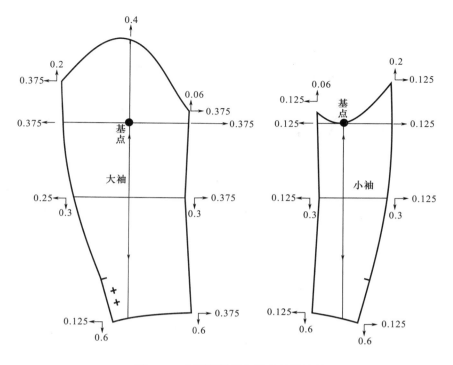

图7-94 女西服样板各端点的缩放量

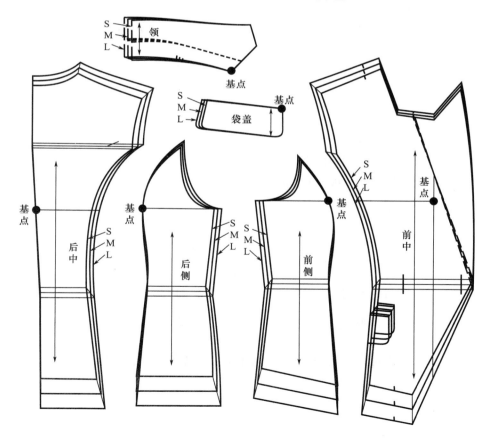

图7-95

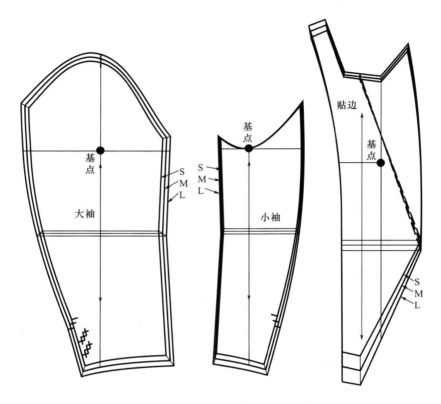

图7-95 女西服样板的缩放图

③贴边、腰袋盖及腰袋牙宽度不变。

④刀背线将前后身片分割为前中心片、前侧片、后中心片、后侧片；前后侧片除了含人体厚度外，还含人体前后宽度。在胸围处，前后刀背线分别在前胸宽、后背宽一半还稍偏侧一些的位置，故前中心片、前侧片、后中心片、后侧片的水平缩放量为$\dfrac{胸围差 \times 1.5}{12}$。

⑤袖子从上至下的缩放量分别为袖肥处$\dfrac{4}{12}$胸围差、肘关节处$\dfrac{3.5}{12}$胸围差、袖口处$\dfrac{3}{12}$胸围差，缩放时按此量进行分配。此款女式西服袖大小袖外侧缝进行了互借，故水平缩放量不相同；男式西服袖大小袖外侧缝没有互借，故水平缩放量相同。

案例六 公主线女西服的工业用样板制作

一、设计说明

此款女西服身片被公主线分割成八片，利用公主线束腰扩臀或包臀，整体为X造型，公主线在设计线中属于纵向分割线，对女性服装造型的影响与刀背线相同；门襟为单排三粒扣；领子为V型青果领；袖子为两片西服袖；前摆为直摆；衣长大约在臀围线附近（图7-96、图7-97）。

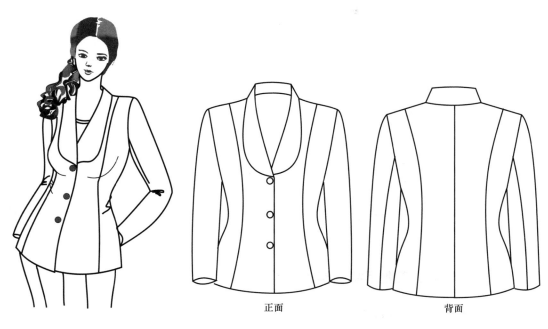

图7-96　女西服效果图　　　　　　　　　　图7-97　女西服款式图

　　此款女式西服设计较为简单，可根据流行与爱好自由决定衣服的长度、领的形状、前摆的形状；前身片左右两侧可设计口袋，口袋可为挖袋、贴袋等；同时也可以使用不同的材料制作，以呈现不同的穿着效果与风格。

　　面料一般采用棉、麻、毛料以及化纤混纺等。

二、公主线女西服成品尺寸规格设计（表7-29）

表7-29　公主线型女西服成品尺寸规格表　　　　　　　　　　单位：cm

规格尺寸＼部位	衣长	胸围	臀围	肩宽	袖长	袖口宽
155/76A	55	89	94	38	53	12.5
155/79A	55	92	97	39	53	12.5
160/79A	57	92	97	39	54	12.5

部位 规格尺寸	衣长	胸围	臀围	肩宽	袖长	袖口宽
160/82A	57	95	100	40	54	13
160/85A	57	98	103	41	54	13
165/82A	59	95	100	40	55	13
165/85A	59	98	103	41	55	13
165/88A	59	101	106	42	55	13
170/85A	61	98	103	41	56	13
170/88A	61	101	106	42	56	13
170/92A	61	105	110	43	56	13.5
175/92A	63	105	110	43	57	13.5
175/96A	63	109	114	44	57	13.5

三、公主线女西服的工业用样板制作

（一）公主线女西服的样板制作流程

1. 公主线女西服的板型设计

模特体型：160/82A，女西服尺寸规格见表7-30。

表7-30　女西服尺寸规格表　　　　　　　单位：cm

	胸围	臀围	肩宽	袖口宽	袖长	衣长
净尺寸	82	90	39		52	
成品尺寸	95	100	40	13	54	57

成品尺寸说明：

胸围=82+13=95cm（在胸部最丰满处，通过左右胸高点水平围量一周。内穿衬衣时，一般加放10～12cm松量；冬季，内穿紧身毛衣，一般加放14～16cm松量）

臀围=100cm（在臀部最丰满处水平围量一周，根据扩臀或包臀的造型情况加放余量，一般最少加放8cm）

板型设计（使用160/82A文化女子原型）：

（1）衣身和领子设计，如图7-98所示。

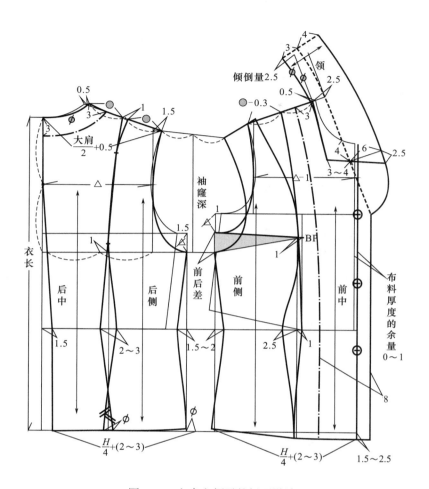

图7-98　衣身和领子的板型设计

注意：原型的放置及胸省的处理。

前身片原型的放置：胸省的处理可参照刀背线型女西服在前中心领口处撇胸0～1cm，并在前中心加放0～0.5cm布料的厚度松量。

后身片原型的放置：将前身片原型的腰围线上抬0～1cm，放置后身片原型。

（2）袖子设计：参照刀背线女西服或男西服制图。

2. **拓取净样板**

将制图中前中心片、前侧片、后中心片、后侧片、大袖、小袖、领子等净样板分别描绘在样板纸上。

注意：标注BL、WL、HL、FCL、BCL等必要线；标注扣位等设计细节的位置；标注样板名称、纱向及合印记号等。

3．**样板订正**

（1）尺寸的订正。

围度尺寸的订正：胸围、腰围、臀围。

宽度尺寸的订正：肩宽、背宽、胸宽、袖口宽。

长度尺寸的订正：衣长、后衣长、前衣长、袖长。

（2）缝合线的长度及连接线的状态订正。

检查缝合线的长度是否相等或合理；连接线的状态是否平滑、圆顺。

①以腰围线为基准，对齐前中心片、前侧片腰围线上下的缝合线的长度，订正前身片底边线和前肩线，使前身片底边线和前肩线连接平滑、顺直。

②以腰围线为基准，对齐后中心片、后侧片腰围线上下的缝合线的长度，订正后身片底边线和后肩线，使后身片底边线和后肩线连接平滑、顺直。

③对齐前后肩线，使前后颈侧点重合，订正前后领口线，使前后领口弧线连接平滑、圆顺；对齐前后肩线，使前后肩端点重合，订正前后袖窿线，使前后袖窿弧线连接平滑、圆顺，并确认后肩吃量。

④以腰围线为基准，对齐前侧片、后侧片腰围线上下缝合线的长度，订正前后身片底边线和袖窿线，使前后身片底边线和袖窿弧线连接平滑、圆顺。

⑤以肘关节线为基准，对齐大小袖袖肘线上下外侧缝线和内侧缝线的长度，订正袖山线、袖口线，使大小袖的袖山线、袖口线连接平滑、圆顺。

（3）其他。

①确认领子的绱领线与身片领口线的长度，一般领子的绱领线与身片领口线等长。

②确认袖山线与袖窿线之差，即袖山吃量。

袖山吃量=袖山线长度－袖窿线长度。

4．**样板制作**

注意：（1）领面与里领样板的制作。

（2）贴边样板的制作。

（3）里袖样板的制作。

（4）样板角的处理。

（二）工业用样板制作

1．**公主线型女西服的净样板制作**（图7-99）

袖子样板请参照刀背线女西服或男西服的袖子样板制作方法。领面与贴边的制作如图7-100所示。

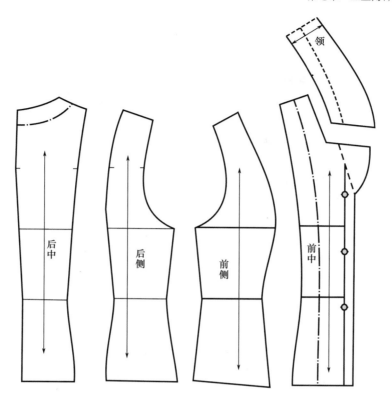

图7-99　女西服净样板制作

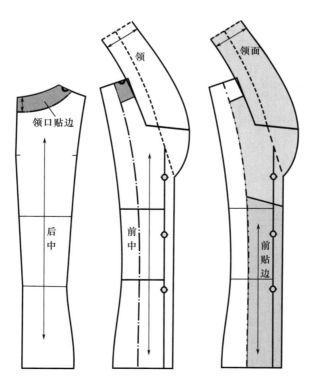

图7-100　领面与贴边的净样板制作

2. 公主线女西服的样板缩放（表7-31）

表7-31　女西服档差表

单位：cm

胸围差	腰围差	臀围差	背长差	衣长差	袖长差
3	3	3	1	2	1

（1）公主线女西服样板缩放量的计算机和标注。

①前中与前侧身片，如图7-101所示。

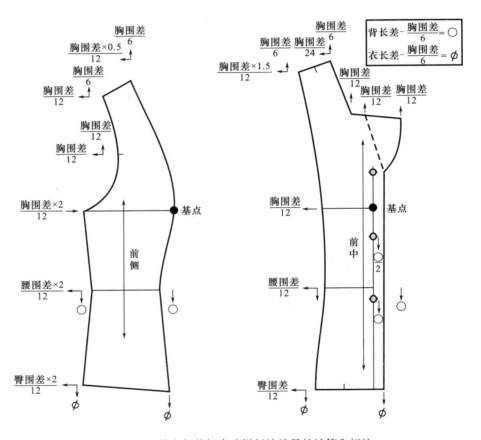

图7-101　前中与前侧身片样板缩放量的计算和标注

②后中、后侧身片、领子与贴边，如图7-102所示。

（2）公主线女西服样板各端点的缩放量，如图7-103所示。

（3）公主线女西服样板的缩放图，如图7-104所示。

（4）内容小结。

①青果领宽度不变，长度发生变化；驳头宽度不变，长度发生变化。

②单排扣门襟宽度不变，长度发生变化；直摆形状不变。

③公主线将前后身片分割为前中心片、前侧片、后中心片、后侧片；前后侧片除了含人体厚度外，还含人体前后宽度。在胸围处，前后公主线分别在前胸宽、后背宽（半身）约一半的位置，故前中心片与后中心片的水平缩放量为 $\dfrac{胸围差}{12}$，前侧片与后侧片的水平缩放量为 $\dfrac{胸围差 \times 2}{12}$。

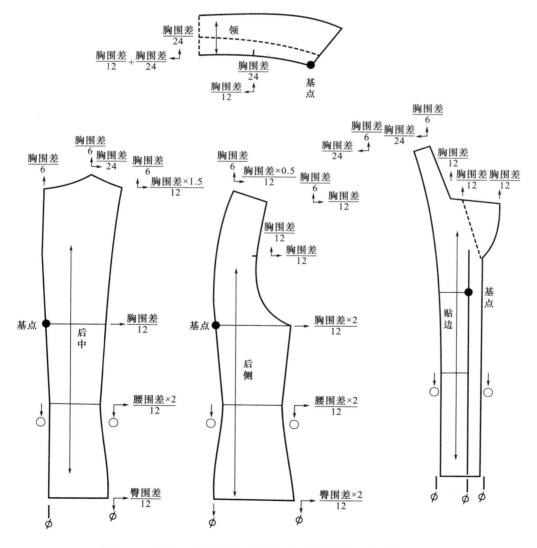

图7-102　后中、后侧身片、领子与贴边样板缩放量的计算和标注

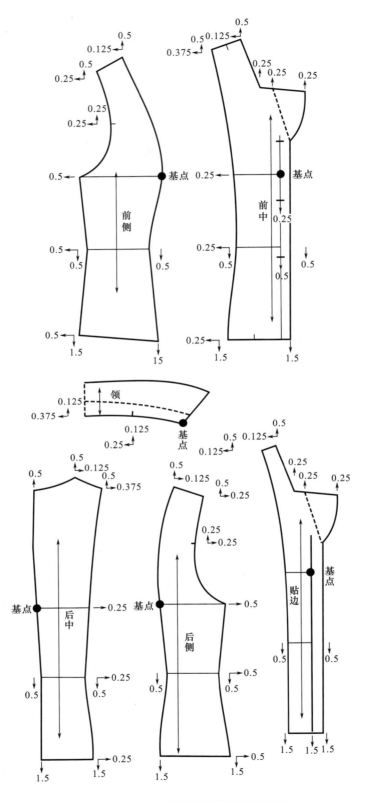

图7-103　女西服样板各端点的缩放量

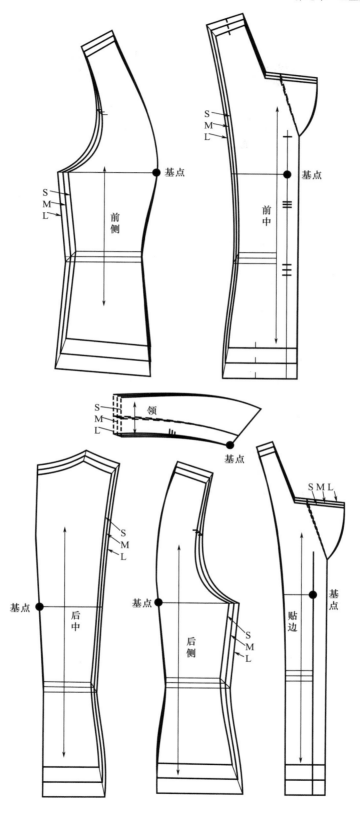

图7-104 女西服样板的缩放图

参 考 文 献

［1］刘瑞璞.服装结构设计原理与应用·女装篇［M］.北京：中国纺织出版社，2008.

［2］张文斌.服装结构设计［M］.北京：中国纺织出版社.2006.

［3］张文斌.服装工艺学——结构设计分册［M］.北京：中国纺织出版社，1990.

［4］刘瑞璞，刘维和.女装纸样设计原理与技巧［M］.北京：中国纺织出版社，2004.

［5］小野喜代司.日本女式成衣制板原理［M］.王璐，赵明，译.北京：中国青年出版社，2012.

［6］文化服装学院.文化服饰大全——服饰造型讲座①~⑤.上海：东华大学出版社，2005.

［7］向东.服装创意结构设计与制版——时装厂纸样师讲座（四）［M］.北京：中国纺织出版社，2005.

［8］纳塔莉·布雷.英国经典服装纸样设计：基础篇［M］.王永进，赵欲晓，高凌，译.北京：中国纺织出版社，2001.

［9］纳塔莉·布雷.英国经典服装纸样设计：提高篇［M］.刘驰，袁燕，等，译.北京：中国纺织出版社，2001.

［10］谢良.服装结构设计研究与案例［M］.上海：上海科学技术出版社，2005.

［11］郝瑞闽，王佩国.服装样板补正技术［M］.北京：中国轻工业出版社，2003.

［12］吴径熊，孔志，邹礼波.服装袖型设计的原理与技巧［M］.上海：上海科学技术出版社，2009.

［13］向东.特体服装结构与板型设计［M］.北京：中国纺织出版社，2003.

［14］胡越，王燕珍，倪洁诚.服装款式设计与版型·裙装篇［M］.上海：东华大学出版社，2009.

［15］胡越.服装款式设计与版型实用手册·衬衣篇［M］.上海：东华大学出版社，2008.

［16］刘瑞璞.服装结构设计原理与应用·男装篇.中国纺织出版社，2008.